Git（ギット）使い方入門

Windows Mac対応!

湊川あい●著
DQNEO●監修

C&R研究所

カタ
カタ
わかばちゃん
Webの仕事に憧れる大学生

ふーん
バージョン管理？
今さら聞けないバージョン管理
いつやるの？Git
プルリクエストを送る
私にはまだ
関係ないかなぁ
あ!!
そろそろ
大学に行く
時間だ
ドタバタ
いってきまーす

一方その頃
C&R大学

では
次のゼミ
どうぞ
各ゼミ
オリエンテーション
自由参加

やぁ諸君!!
私が
魔王教授だ
キーーン
Gitしてますか？
ザワザワ…
まおう？
何だあの人？
??

ふむ…
その反応だと
「Gitって難しそう」と
恐怖に打ち震えている
とでもいったところか
しかし!!
私のゼミに
入れば心配無用!!

マンガで楽しく
Gitがわかる
こっちのリポジトリは無事
公開用
バグ修正
新機能
すえおき
こういうことができるってことか〜!!
これは便利!!
実践パートもあるから
しっかりGitを
使えるようになるぞ
wakabachan commented 3 minutes ago
自分用のテキストファイルを追加してみました。
問題なければ、マージお願いします。
add wakabachan.txt
elmas3 commented 34 seconds ago
確認しました
マージします！
プルリクエストの
練習もできる◎
さぁ諸君も
素晴らしい
Gitの世界に
飛び込もう
ではない
か
制限時間です
次のゼミどうぞ
シーーン
わな
わな
わな
あまり
いい反応では
なかったわね…
いや

しかし妙だな
なぜ私のゼミには
毎年志願者が
集まらんのだ
?
その性格のせい
だと思うけど

私のスピーチの
素晴らしさに
皆、声も出ない
ようだった!!

はい、教授
さーて
ひと仕事終えたし
ゼミ室に戻るか

ガタン
ゴトン
一応、入りたいゼミ
決まってるから
いいけど・・・
げっっ
各ゼミの
オリエンテーション
もう間に合わないじゃん
つづく

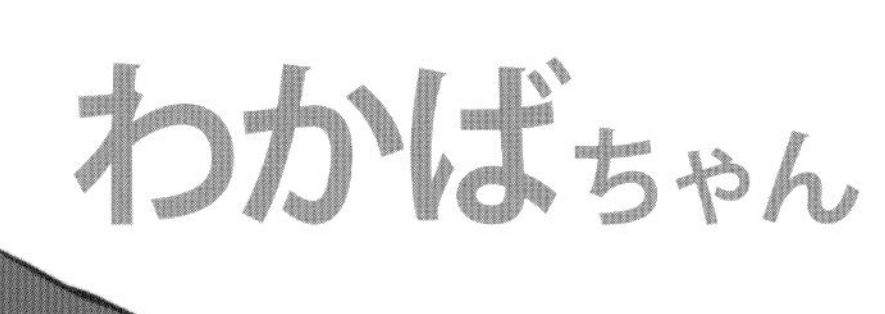

Gitって何？
それってラクできるの？

本　名	伊呂波（いろは）わかば
夢	Webデザイナーになること
性　格	マイペース・インドア派

Web業界に憧れる、マイペースな大学生。

「わかばちゃんと学ぶ Webサイト制作の基本」でHTMLやCSSは理解したものの、Gitは初心者。

Webの勉強がしたくてあるゼミに入ったが……？

こちらの書籍にも登場しています！

エルマスさん

Gitは覚えておいて損はないわね

真央ゼミの助手をしている
ミステリアスな少女。読書が趣味。

魔王教授

よくぞ来た!!歓迎しよう!!

本名は「真央 一(まお はじめ)」。
自称800歳。好きな飲み物はコーラ。

わかばちゃんの家に居候している謎の生命体。
彼女らの存在は、みんなには内緒。
わかばちゃんが困っていると、助言をくれる。

※詳しいプロフィールは『わかばちゃんと学ぶ　Webサイト制作の基本』に掲載しています!

せっかく学ぶなら、やっぱり楽しい方がいい

「Gitって難しそう」
「勉強しようとは思っているけど、なかなか一歩が踏み出せない」
そんな方のために、楽しくGitを理解できる本を作りました。

- 個性的なキャラクターたちが登場するマンガ
- 感覚的にわかる図解
- 丁寧な実践パート

上記3つの特長で、Gitを無理なく学べます。

基本の使い方はもちろん、プルリクエストの練習や、GitHub Pagesでのwebページ公開ができるようになるよ!

こんな方にオススメ

- 新入社員……Gitが使えて当たり前の会社に就職したので、勉強したい
- Webデザイナー・コーダー……エンジニアと一緒に、Gitで共同作業したい
- Gitに乗り換えたいエンジニア
  ……今まで使っていたバージョン管理システムから、Gitに乗り換えたい
- 小さな会社のWeb担当……そろそろ手動バックアップを卒業したい
- 企画・営業担当……制作側のことも知っておきたい

クリックしていくだけでGitを使えるツールを中心に解説しているから、初心者でも安心よ。

改訂版になり、さらにパワーアップ

本書は、既存の2017年版のものを、2021年版として新たに加筆修正したものです。

- 操作画面の画像を、すべて新しく撮り直しました。
- 開発現場のリアルな声を、より反映しました。
- セクションごとに対応コマンドを掲載! さらなるレベルアップも可能に。
- 付録「コマンド操作に挑戦!」が追加されました。

操作画面や説明文が更新されて、さらに新しい内容も追加されたんだね!

Gitの全体像

本書を読み進めるに当たって、まずは、Gitの全体像を押さえておきましょう。また、Gitに関するよくある質問とその回答も掲載します。

最初にざっと目を通しておくと、スムーズに読み進められるでしょう。

◆Gitと各ツールの立ち位置

Gitと、各ツールの立ち位置は次の通りです。

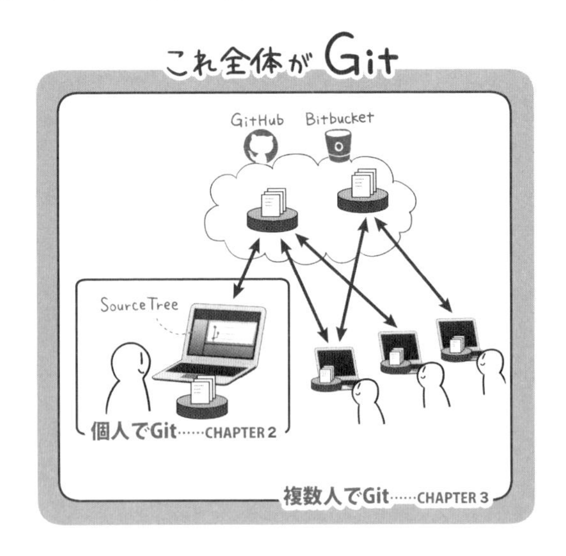

本書では「Gitの概念と使い方」「GitHub(ギットハブ)の使い方」を、実践しながら学べます。

◆ Gitに関するよくある質問

GitとGitHubは何が違うの?

Gitは

- ファイルの変更履歴を記録できるバージョン管理システム

GitHubは

- Gitを使ったチーム開発をより便利にするためのWebサービス
- チームみんなのコミュニケーションの場
    - 自分が書いたコードを提案できる
    - お互いのコードをレビューし合える
    - メンバーの意見を取り入れプロダクトをブラッシュアップできる

SourceTreeって何?

グラフィカルな画面で、Gitを直感的に操作できるソフトです。

コマンドも載っているの?

はい。SourceTreeの操作をメインに解説していますが、コマンドラインでの操作に挑戦したい方のために、各セクションごとにコマンド操作も併記しています。SourceTreeでの操作に慣れてきたら、ぜひチャレンジしてみてください。

無料なの?

本書の内容は、すべて無料で実践できます。

CONTENTS

まずはGitを知ろう

CHAPTER 1 Gitって何?

個人で使ってみよう

CHAPTER 2 個人でGitを使ってみよう

CHAPTER 3 複数人でGitを使ってみよう

CONTENTS

困ったらココを見よう

CHAPTER 4

実用Git～こんなときはどうすればいい?

Gitで広がる世界を見てみよう

CHAPTER 5

Gitで広がる世界

コマンドにチャレンジ!

APPENDIX

ふろく〜コマンド操作に挑戦!

■権利について

- 本書に記述されている社名・製品名などは、一般に各社の商標または登録商標です。
- 本書では™、©、®は割愛しています。

■本書の内容について

- 本書は著者・編集者が実際に操作した結果を慎重に検討し、著述・編集しています。ただし、本書の記述内容に関わる運用結果にまつわるあらゆる損害・障害につきましては、責任を負いませんのであらかじめご了承ください。
- 本書は2021年4月現在の情報で記述されています。
- 本書の操作画面は下記の環境を基本としています。他の環境では操作が異なる場合がございます。 あらかじめご了承ください。
  - ○Windows環境：Windows 10 Pro／Windows版SourceTree3.4.3
  - ○Mac環境：macOS Big Sur／Mac版SourceTree4.1.0

●本書の内容についてのお問い合わせについて

この度はC&R研究所の書籍をお買いあげいただきましてありがとうございます。本書の内容に関するお問い合わせは、「書名」「該当するページ番号」「返信先」を必ず明記の上、C&R研究所のホームページ(https://www.c-r.com/)の右上の「お問い合わせ」をクリックし、専用フォームからお送りいただくか、FAXまたは郵送で次の宛先までお送りください。お電話でのお問い合わせや本書の内容とは直接的に関係のない事柄に関するご質問にはお答えできませんので、あらかじめご了承ください。

〒950-3122 新潟県新潟市北区西名目所4083-6　株式会社 C&R研究所　編集部
FAX 025-258-2801
『改訂2版 わかばちゃんと学ぶ　Git使い方入門』サポート係

CHAPTER 1

Gitって何?

SECTION 01 Gitで解決できること

私、伊呂波(いろは) わかば
Webデザイナーを
目指している大学生
この春から
Web系のゼミに入るんだ!

CAUTION KEEP OUT
真央ゼミ
Web研
ドン
CAUTION KEEP OUT
ここかぁ…
変なドアだな

ガラッ

おや
誰もいない

勝手に
入っちゃったけど
大丈夫だよね
今日から
ここの
ゼミ生なんだし
さてと、個人サイトの
続き作ろうっと…

ありゃりゃ
はみでてるっ
CSS編集したら
見た目が崩れちゃった
早く元に
戻さなきゃ
バックアップは
……と
でで
common_20170408.css
common_20170409.css
common_ざっくり.css
common_一時保存.css
common_仮.css
common_編集前.css
でん

どれだよ

もうマジ無理…
超頑張ったのに
あぁ過去に戻りたい
むしろ土に還りたい
ドゴォ
今日やった作業
バックアップ
とってなかった…

バッ
ちょっと
待ったァ!!
誰!?

ふはは
聞いて驚け!
私はこのゼミの教授
まおー
「魔王」だ!!
助手の
エルマスよ

むっ
お前
見ない顔だな
ビシッ

無礼者!!
先に名を
名乗らんか!!
ええっ…
そっちから
名乗ったんじゃん

さ、3年生の
伊呂波わかばです
よろしくお願いしま…
スタ スタ スタ
って
鮮やかに
スルー!?

こっ… これはっ!!
いにしえの
手動バックアップ
ではないかっ
わかばパソコン
Gitを使えば、この呪縛から
永久に解き放たれるであろう

ギット？
それって黒い画面で
やるやつじゃないの？
なんかむずかしそう
いいえ
大丈夫よ
黒い画面
直感的に
操作できる
ツールもあるし

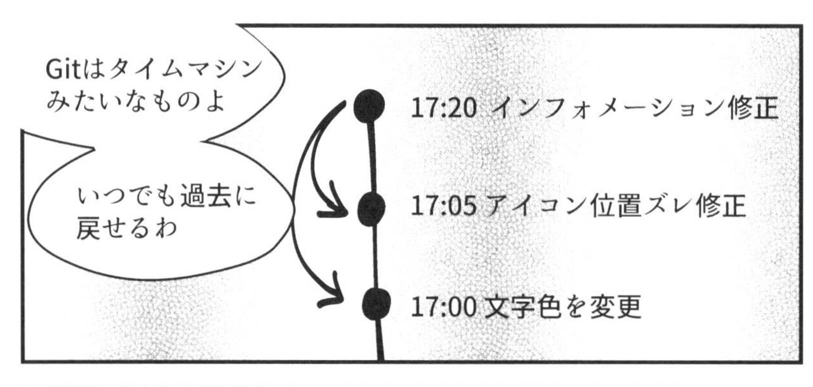
Gitはタイムマシン
みたいなものよ
いつでも過去に
戻せるわ
17:20 インフォメーション修正
17:05 アイコン位置ズレ修正
17:00 文字色を変更

しかも!!
どこが変更されたか
差分も一目瞭然よ
－ <p>4/9 第1話作成中です</p>
＋ <p>4/9 第1話公開しました！</p>
便利
変更があった行を
示してくれる

それって…

超ラク
じゃん!?
ラクできるの
最高!!
ちょろいな

「開発あるある」をGitで解決!

Gitは、バージョン管理システムです。Gitを使うことで、より効率的に開発をすることができます。

◆ 過去の状態に戻したい

Gitがないと

バックアップを手動で作成。戻りたい時点のデータがなくて、戻せないことも。

Gitがあると

作業用のフォルダひとつでOK。いつでも、好きな時点に、ファイルの状態を戻せる!

◆ 同じファイルに対して、複数人で同時に修正を行いたい

Gitがないと

一人一人に修正箇所を聞いて回り、手動でまとめるハメに。

Gitがあると

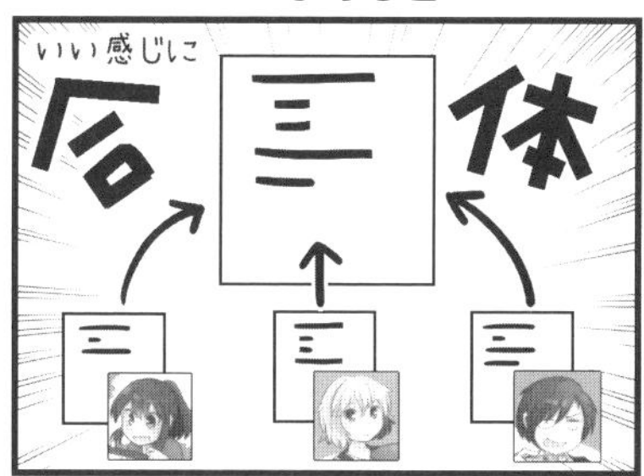

複数人による修正をまとめることができる!

◆ 修正した意図を伝えたい

Gitがないと

コードやデザインの意図を知りたいとき、さかのぼって調べることができない。特に前任者がいないときは大変。

Gitがあると

変更内容を細かい単位で記録できるため、誰が何のために修正したのか、Gitの履歴を見れば一目瞭然!

まとめ

- Gitとは、**バージョン管理システム**である
- 簡単な操作で、変更ごとのバックアップをとることができる
- いつでも好きな時点に戻せる
- 各メンバーの修正を合体できる

コミュニケーションの場としてのGitHub

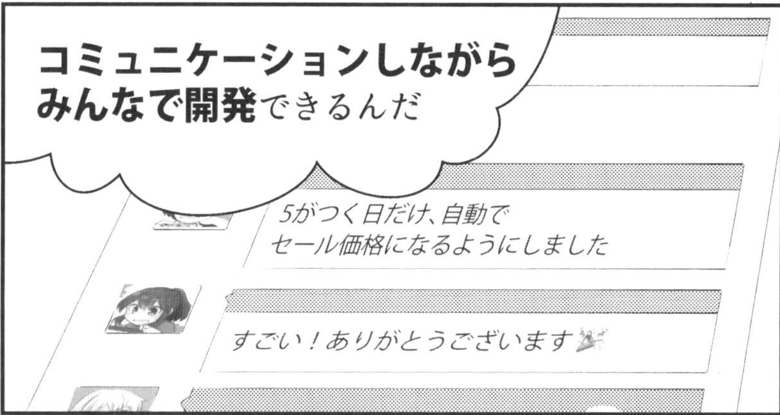

チーム開発をより楽しく・便利に

ファイルを編集しながら、複数人でやり取りし、コミュニケーションする場所。それがGitHub(ギットハブ)です。

単なるファイル置き場ではなく、次のようにチームでフラットに意見交換できる場として使えます。

- お互いのコードをレビューする
- 仕様や、機能の実装について話し合う
- デザインのビフォーアフターを共有し、意見を出し合う

ソーシャルコーディング

GitHubでは、世界中のエンジニア・デザイナーが書いたコードを見ることができます。さらに、自分が書いたコードを提案し、取り込んでもらうこともできます。SNSを楽しむように、コーディングを楽しめるのです。

詳しくは、CHAPTER 5のコラム「オープンソース/ソーシャルコーディングの世界」(253ページ)を参照してください。

- **GitHubの公式サイト**

URL https://github.com/

▼GitHubの公式サイト

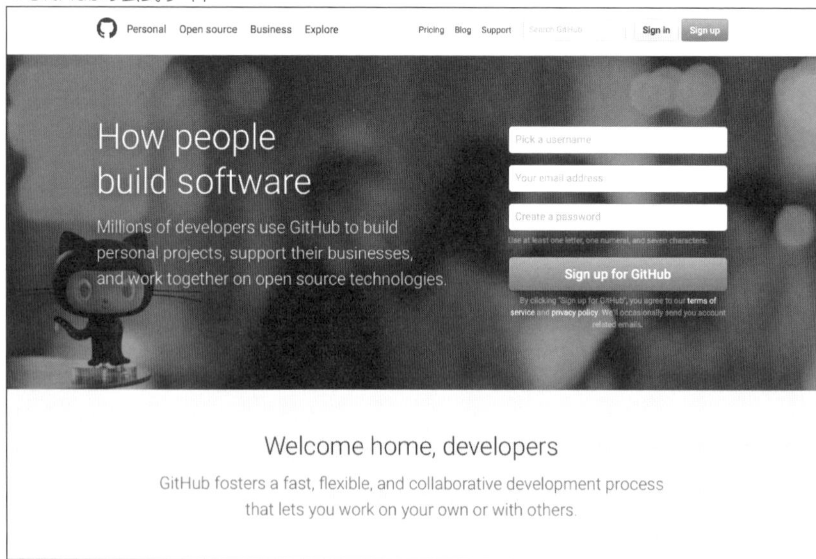

◆ 社内サーバーを使う手もあり

企業によってはクラウドの利用が禁止されている場合もあるでしょう。その場合は、下記のようなツールを使えば、社内サーバーに環境を構築し、社内版GitHubとして利用することもできます。

- GitHub Enterpriseプラン
  URL https://enterprise.github.com/home
- Bitbucket オンプレミスプラン
  URL https://ja.atlassian.com/software/bitbucket/server
- GitLab
  URL https://about.gitlab.com/
- GitBucket
  URL https://github.com/gitbucket/gitbucket

まとめ

GitHubは、

- Gitで管理しているファイルのバックアップ先として使える場所
- 単なるファイル置き場ではなく、コミュニーションの場

CHAPTER 2

個人でGitを使ってみよう

Gitを簡単に使えるツールをインストールしよう

あ〜〜〜
そういうのは
エルマスさんに聞いて
そんなことより
コーラ飲みたい
丸投げ!?
……
何か用かしら
新入りさん

この子…!!
HA HA
さっきは魔王教授のインパクトが強すぎて
HA
気付かなかったけど…
もしやめちゃくちゃカワイイ!?

……何？
ボーッとして
Gitを使うための
ツールを
知りたいんでしょ
ハッ!!
そうでした!!
有料/無料
英語/日本語対応
いろいろ
あるけど
初心者のわかばちゃんには
無料で日本語対応の
SourceTreeが
いいんじゃないかしら
ソースツリー？
豊作
じゃ～

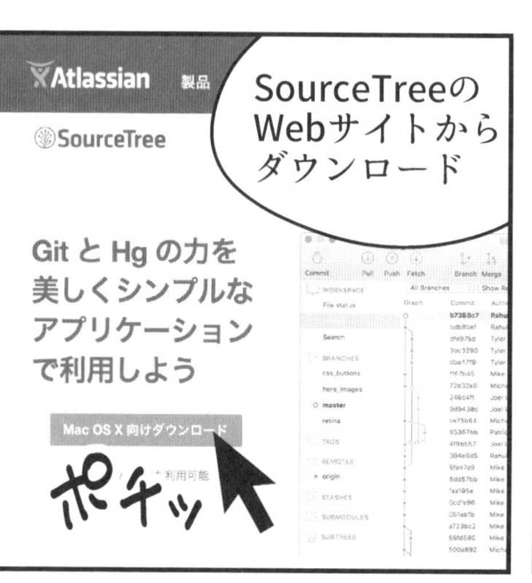
SourceTreeの
Webサイトから
ダウンロード
Atlassian 製品
SourceTree
Git と Hg の力を
美しくシンプルな
アプリケーション
で利用しよう
Mac OS X 向けダウンロード
ポチッ

Gitも一緒に
インストール
されるわ
Git
入ってる
Windows/Mac
両対応よ

これで私にも
Gitが使えるのね!!
ドギャーーン

うーん……変な方向に
ポジティブね
まずは個人で 操作に
慣れてもらいましょう
複数人での運用はその後

SourceTreeとは

Gitというと、黒い画面で操作するイメージがあるかもしれませんが、昨今ではグラフィカルなインターフェイスで直感的に操作できるツールが登場しています。本書では、SourceTree(ソースツリー)での操作を解説します。

※コマンドでの操作は、APPENDIX「ふろく〜コマンド操作に挑戦!」(257ページ)で解説しています。

◆SourceTreeの特徴

SourceTreeの特徴として、次の点が挙げられます。

- 日本語対応
- 無料
- GitHubなどと連携可能

SourceTreeのダウンロード

まず、SourceTreeの公式サイトにアクセスしましょう。

- **SourceTreeの公式サイト**

  URL https://www.sourcetreeapp.com/

表示できたら[Download for Windows]ボタンもしくは[Download for Mac OS X]ボタンをクリックしましょう(お使いのOSによってボタンが変わります)。

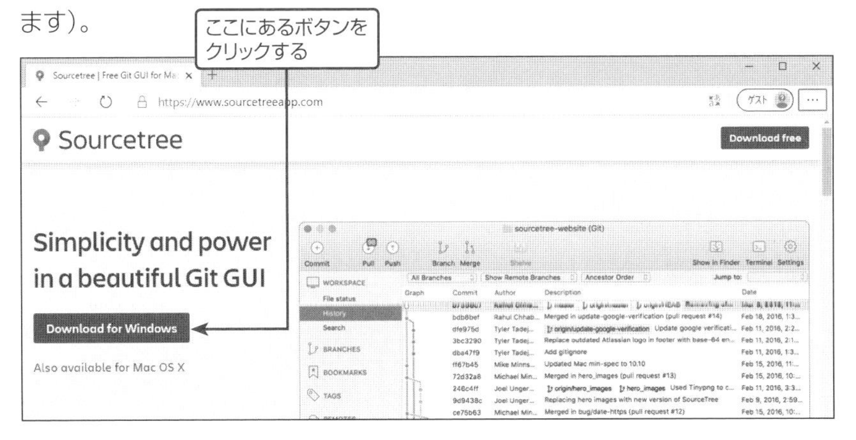

上記のボタンをクリックすると、「アトラシアンソフトウェアのライセンスとプライバシーポリシーに同意してください」という意味合いのポップアップが表示されます。内容を確認し、[I agree〜]のチェックをONにして[Download]ボタンをクリックします。

SourceTreeのインストール

Windowsの場合とMacの場合で若干インストール方法が異なるので、それぞれ解説します。

◆ Windowsでのインストール方法

Windowsの場合は、次のように操作してインストールします。

❶ ダウンロードが完了したら、ダウンロードした「SourceTreeSetup-x.x.x.x.exe」（x.x.x.xはバージョンによって異なる）（1）をダブルクリックして起動します。もしも、「This application requires one of the following version of the .NET Framework」というメッセージが表示された場合は、画面の指示に従って.NET Frameworkをインストールしてください。その上で、.exeファイルをもう一度、ダブルクリックしてください。

❷ 初期設定画面が表示されます。右下の[スキップ]ボタン（1）をクリックします。

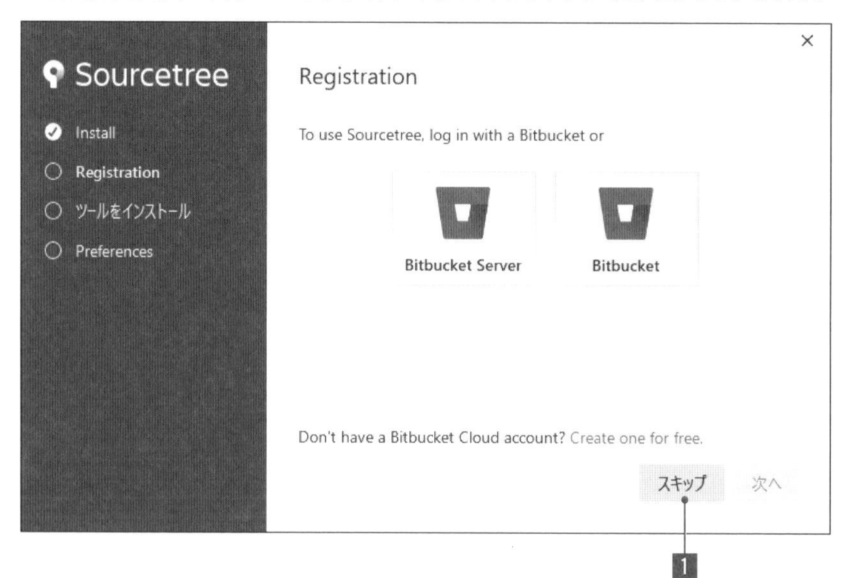

❸「バージョン管理に必要なツールをダウンロード・インストールしますよ」と言われます。この画面のように、何も選択できる箇所がなければ、そのまま[次へ]ボタン(1)をクリックします。選択できる場合は「Git」だけ選んで[次へ]ボタンをクリックします。

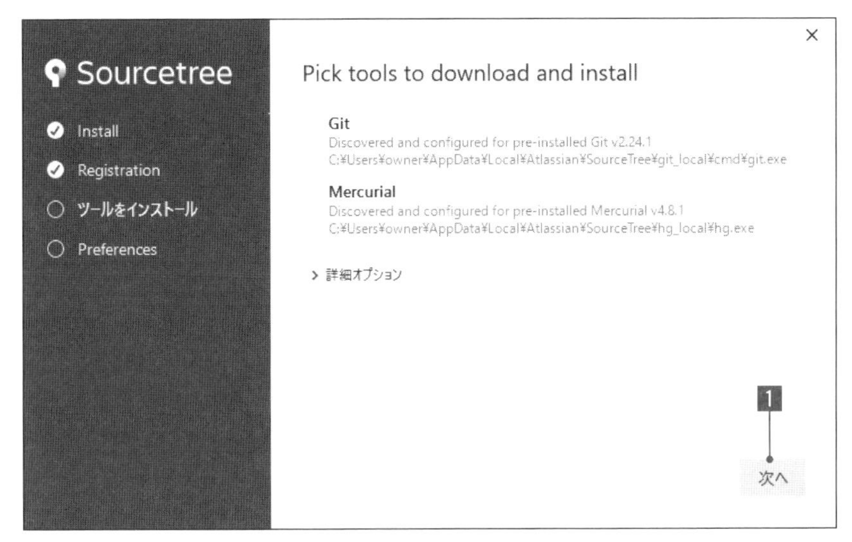

❹自分のユーザー名(1)とメールアドレス(2)を入力します。[次へ]ボタン(3)をクリックします。

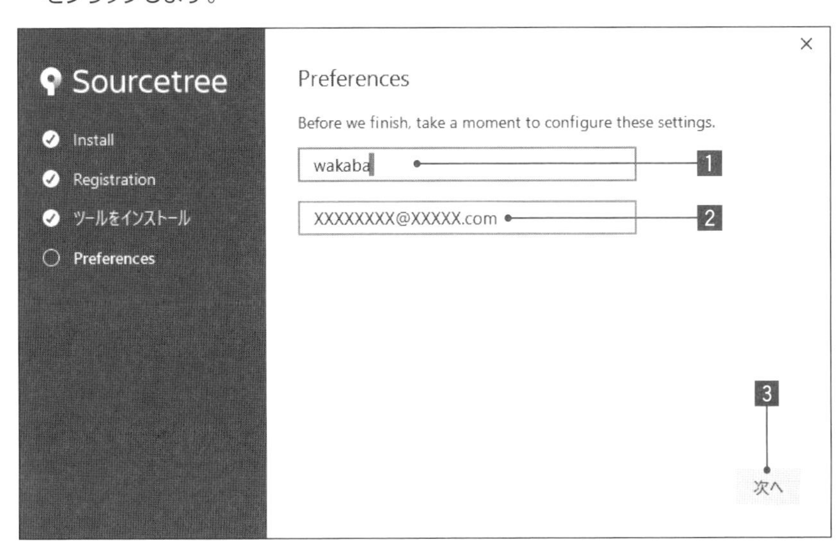

❺ SSHキーの読み込みについて尋ねられます。ここではいったん[いいえ]ボタン(1)をクリックして進めます(必要になれば、あとで再設定可能です)。

※SSHキーとは、リモートサーバーとパソコンとの通信を暗号化するために使われる文字列のことです。

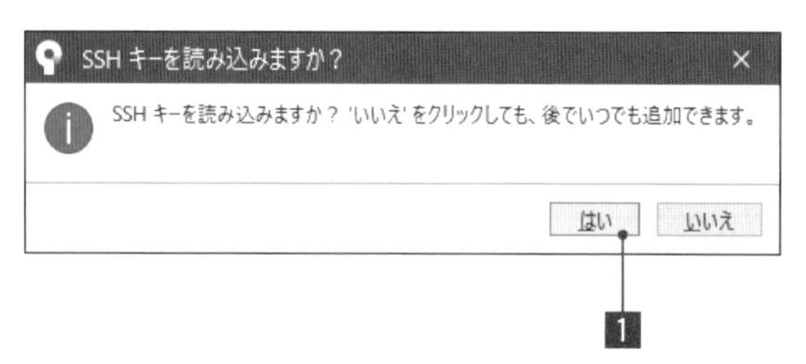

❻ 数秒待つと、SourceTreeの画面が自動で立ち上がります。おめでとうございます！　これでSourceTreeを使えるようになりました。

◆ Macでのインストール方法

Macの場合は、次のようにイ操作してインストールします。

❶ ダウンロードが完了したら、ダウンロードした「SourceTree_x.x.x.zip」をダブルクリックして解凍します。解凍するとSourceTreeのアプリケーション本体(SourceTree.app)があるので、それをダブルクリック(1)します。

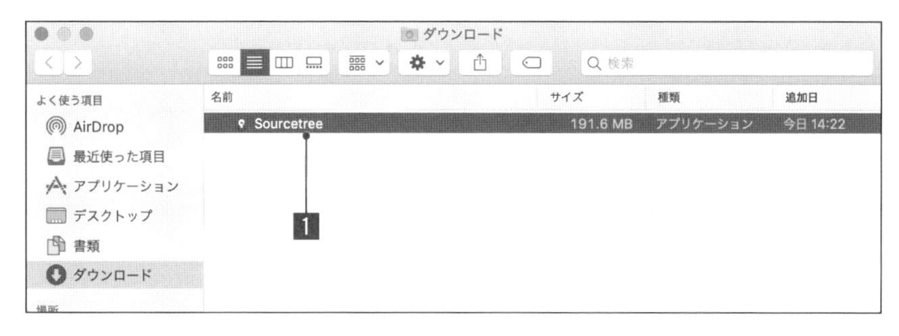

❷ 確認ダイアログが表示されます。[開く]ボタン(1)をクリックします。

❸ ダウンロードフォルダからアプリケーションフォルダに移動するかどうか、確認ダイアログが表示されます。[Move to Applications Folder]ボタン(1)をクリックします。

❹ 初期設定画面が表示されます。右下の[続行]ボタン(1)をクリックします。

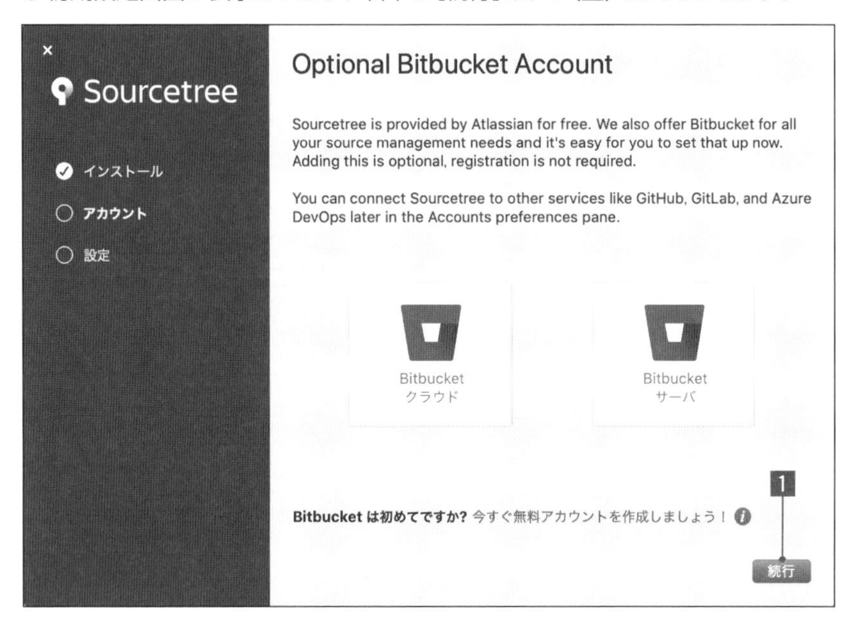

❺ 自分のユーザー名(1)とメールアドレス(2)を入力します。[完了]ボタン(3)をクリックします。

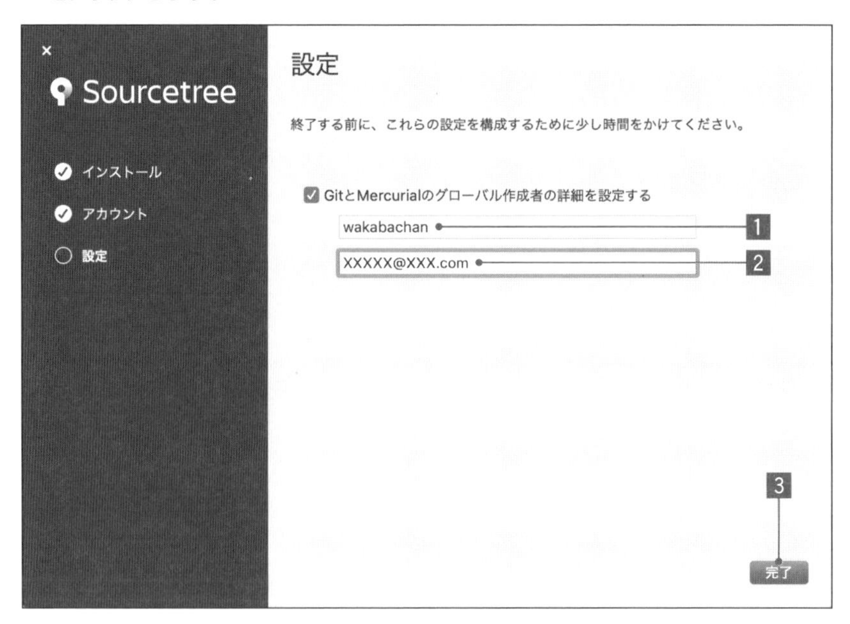

❻ おめでとうございます！　SourceTreeを使えるようになりました。

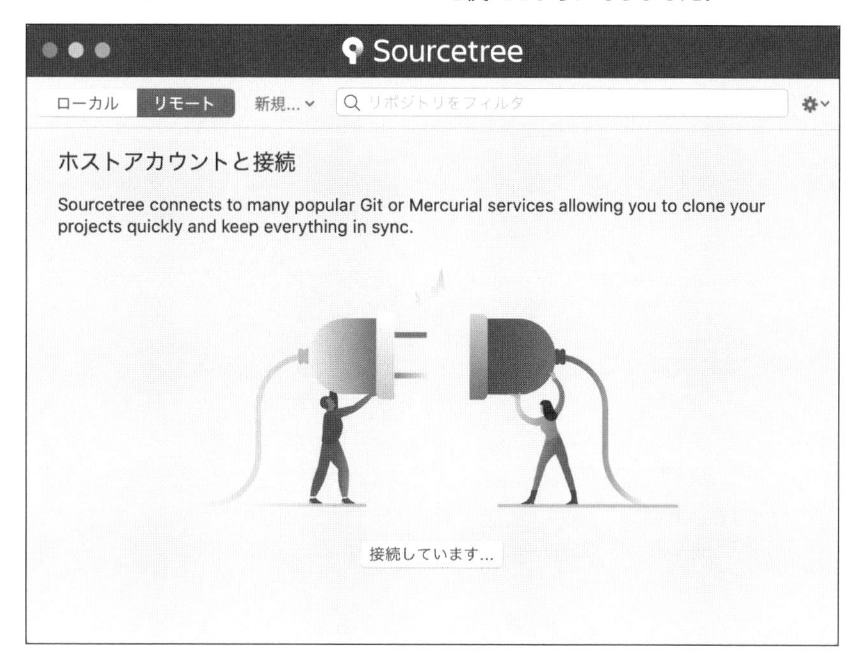

SECTION 04 リポジトリを作ろう

SourceTreeを
インストールした
わかばちゃん

やあ

てて〜ん

……。

な

何から
始めれば
いいんだ!?

まずは
リポジトリを
作るところからね

リポジトリ…
ってなんだ!?
くわ〜
新種の鳥か!?
貯蔵庫よ
過去の状態を記録できる貯蔵庫
やっぱり前のほうが良かったな〜
C 4/9 15:30 ボタンデザイン修正
B 4/9 12:00 検索窓追加
A 4/8 10:10 フッタ
というときに
この貯蔵庫からひっぱってこれるのよ
過去
A 時点
B 時点
C 時点
そーそー
この時点のファイルがほしかったのよー!
イメージとしてはこんな感じね
圧縮されて入っている

まずは個人で練習してみよう

Gitは、複数メンバーでの作業に真価を発揮しますが、1人で作るときにも十分活用できます。まずは、個人での練習用に、手元のパソコン内にリポジトリを作りましょう。

手元のパソコン内のリポジトリは、**ローカルリポジトリ**と呼ばれているわ。

実践：リポジトリを作ってみよう

リポジトリは次の手順で作成します。

◆フォルダの作成

まずはバージョン管理を行いたいフォルダを作りましょう。

例として、「sample」というフォルダを、「ドキュメント」（マイドキュメント）フォルダ内に新規作成します。ここで作成した「sample」フォルダをSourceTreeから指定することで、以降、「sample」フォルダ内に入れたファイルはバージョン管理の対象になります。

◆リポジトリの作成（Windowsの場合）

Windowsの場合は次のように操作してリポジトリを作成します。

❶ 先ほどインストールしたSourceTreeを起動し、画面上部の「Create」アイコン（1）をクリックします。リポジトリを新規作成する画面になります。

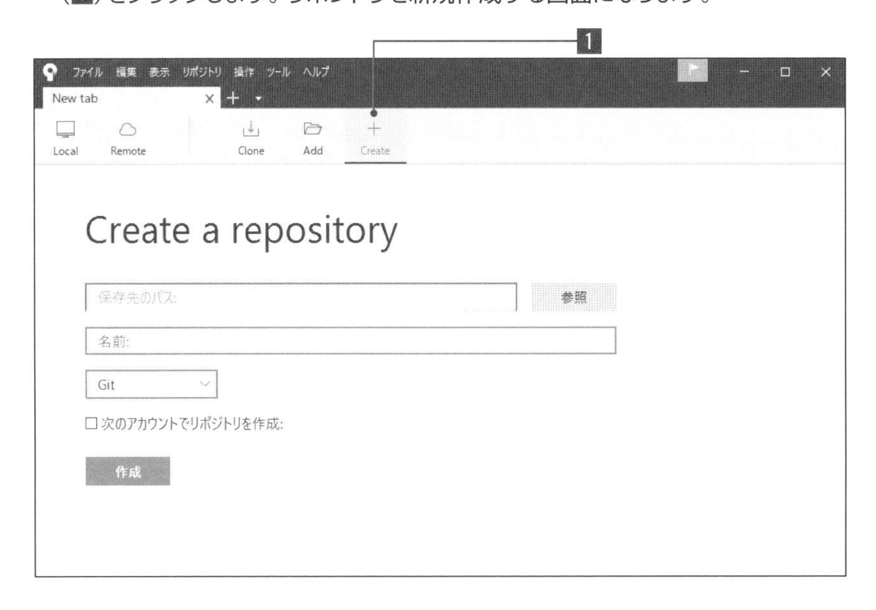

❷ 保存先のパスを指定しましょう。［参照］ボタン（1）をクリックして、「ドキュメント（マイドキュメント）」の中から、先ほど作った「sample」フォルダ（2）を選択し、［フォルダーの選択］ボタン（3）をクリックします。

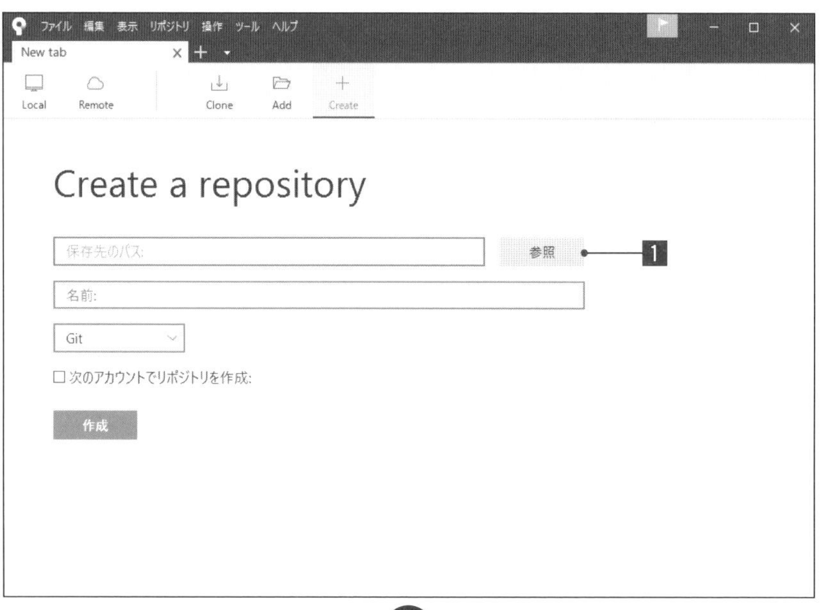

❸ パスが入力され(1)、リポジトリの名前も自動で入力されました(2)。そのまま[作成]ボタン(3)をクリックします。

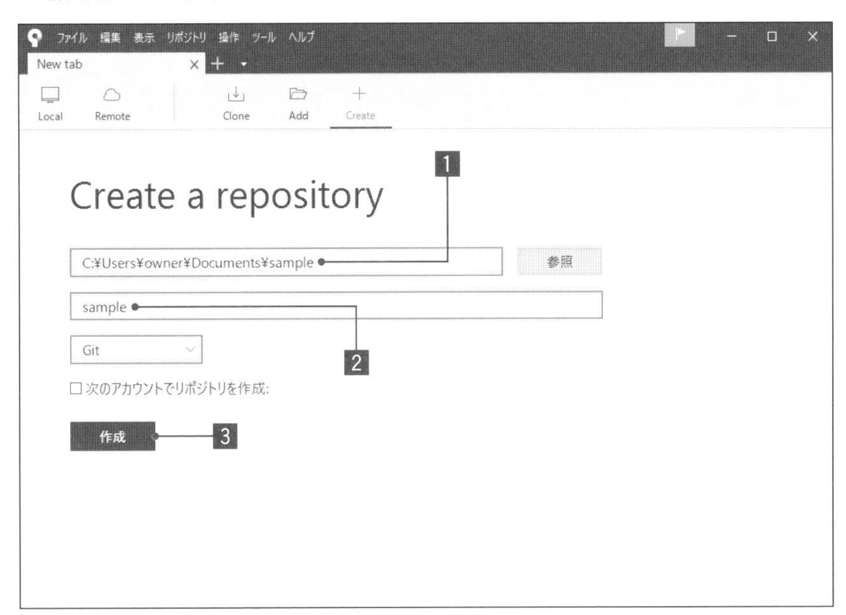

❹ 次のようなポップアップが表示されますが、問題ありません。「すでに『sample』というフォルダが存在しているようですが、本当にこのフォルダをリポジトリにしてもよいですか?」と確認されているだけです。[はい]ボタン(1)をクリックします。

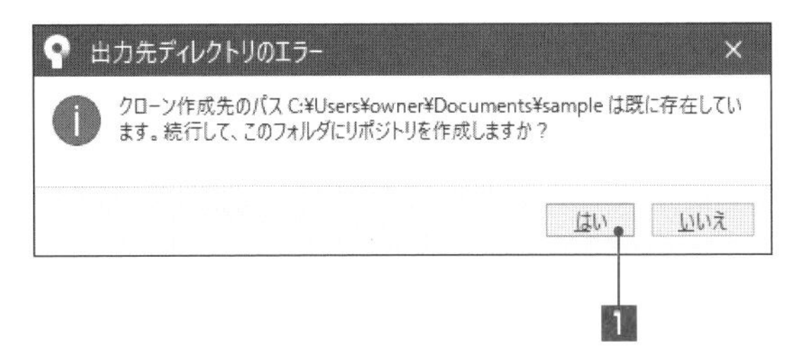

❺リポジトリができました！　これで、「sample」フォルダ内のバージョン管理ができるようになりました。

◆リポジトリの作成（Macの場合）

Macの場合は次のように操作してリポジトリを作成します。

❶［新規...］ドロップダウンボタンから［ローカルリポジトリを作成］（1）を選択します。

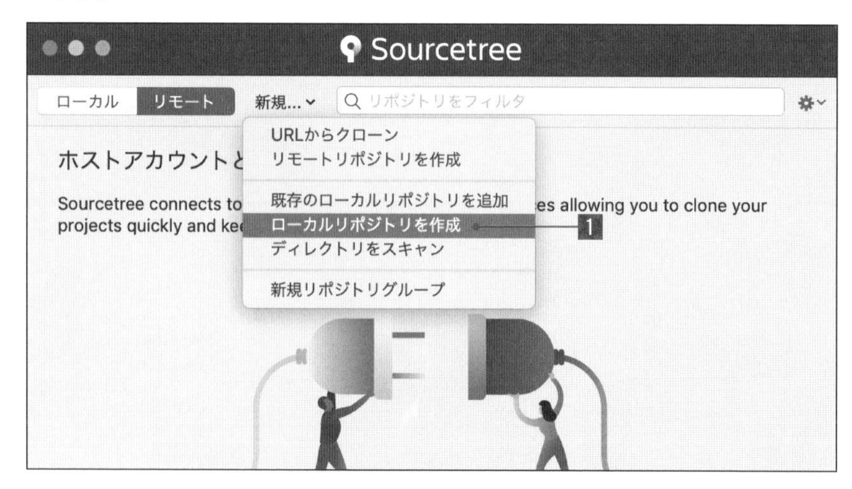

❷ [保存先のパス]の右にある[…]ボタン(1)をクリックし、先ほど作った「sample」フォルダを選択します。その後、[作成]ボタン(2)をクリックします。

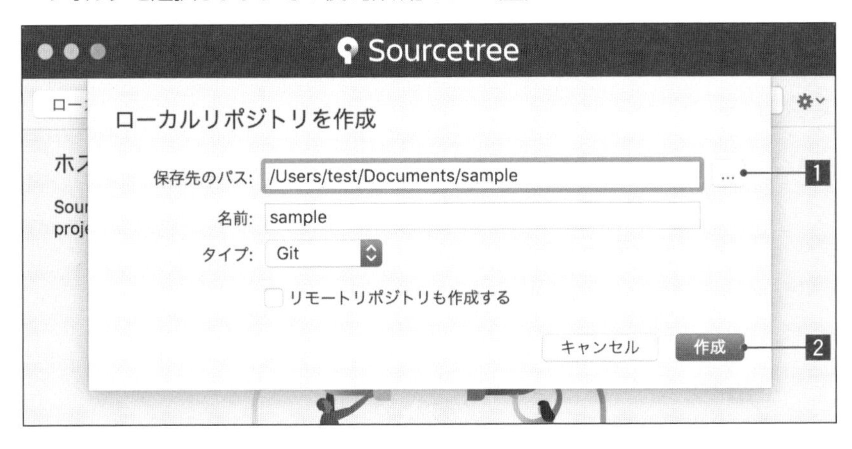

❸ 左上のボタンが「リモート」になっているのを「ローカル」(1)に切り替えましょう。ローカルリポジトリ「sample」が誕生しています!

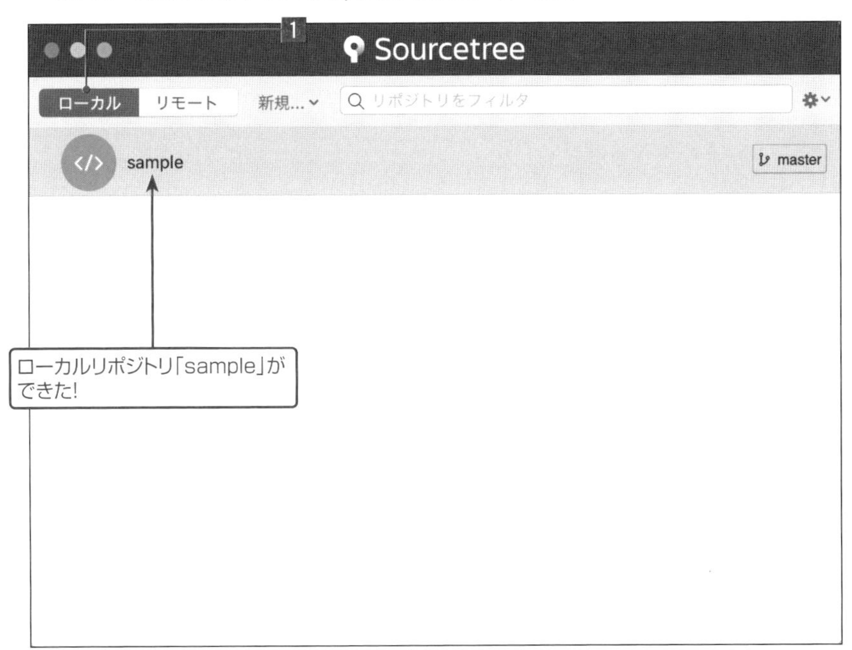

❹「sample」(1)をダブルクリックして、リポジトリを開きます。これで、「sample」フォルダ内のバージョン管理ができるようになりました。

◆コマンドで操作する場合

本節の操作を行うコマンドは次のとおりです。

```
$ mkdir sample ← sampleディレクトリを作成

$ cd sample    ← sampleディレクトリに移動

$ git init .   ←今いるディレクトリをGitリポジトリとして設定する
```

リポジトリかどうか見分ける方法

見た感じでは、「sample」フォルダには変化がないように見えます。しかし、あなたのパソコンで「隠しファイルを表示」に設定している場合は、こんなフォルダがうっすら見えるはずです。

▼Windowsの場合

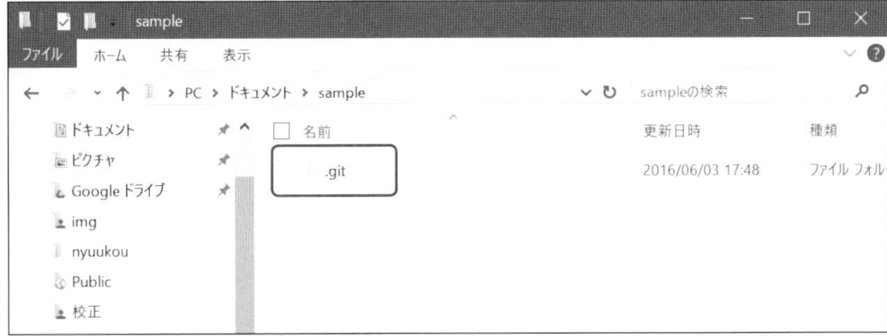

▼Macの場合

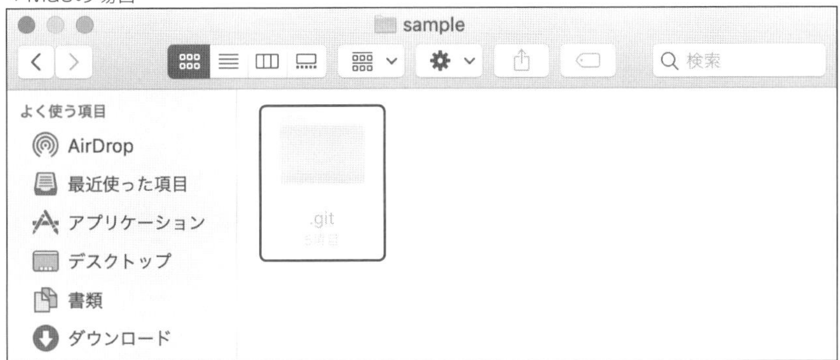

※Macの場合、[command]+[Shift]+[.](ピリオド)キーのショートカットで隠しファイルの表示/非表示を切り替えられます。

「.git」という半透明のフォルダがあるよ!

さっきの操作で、自動的に作られたのよ。「.git」が入っていれば、リポジトリに設定されていることがわかるわね。

「.git」の中には、過去のファイル・ディレクトリの状態が、特殊な方法で圧縮されて、蓄積されていくのよ。

まとめ

- リポジトリとは、過去の状態が記録されている貯蔵庫のこと
- 「.git」というフォルダが、リポジトリの証

コミットしてみよう

あぁ
もうお昼だろ
ドサ
真央ゼミにも
新入りが
バッ
入ったことだし

歓迎会
だ!!
!?

嫌な予感がする…!!

あれ？
案外普通じゃん
ホッ

これを使う
お好み焼
400g

まず卵と
水を入れて
混ぜる
撮影台に載せて
撮る!!
次に
キャベツを入れる
撮影台に載せて
撮る!!
なんでいちいち写真を
撮ってるんだろう…
料理ブログでもやってるのかな？
魔王が料理ブログとかwwウケるwww

そして
コーラだ
ドバドバドバ
ドバ
台無し!!

やめてー！
何その理論
美味しいもの同士なら
混ぜても
美味しくなるだろ
ってもう完全に
混ざってるし!!

まぁ待て
食べれば
わかる

結果。
――――――ッ!!
ちゃんと
全部食べた
だろうね!!

キャベツを
混ぜたころに
戻れれば…
はぁ…

なら
戻ってみる？
魔王教授が
撮ってたコレで

え？
何言って…
うわっ!?

どうやって変更を記録するの?

変更を記録するための基本の流れは次の通りです。

❶ 作業する。

❷ ステージする(撮影台に載せる)。

❸ コミットする(スナップショットを撮る)。

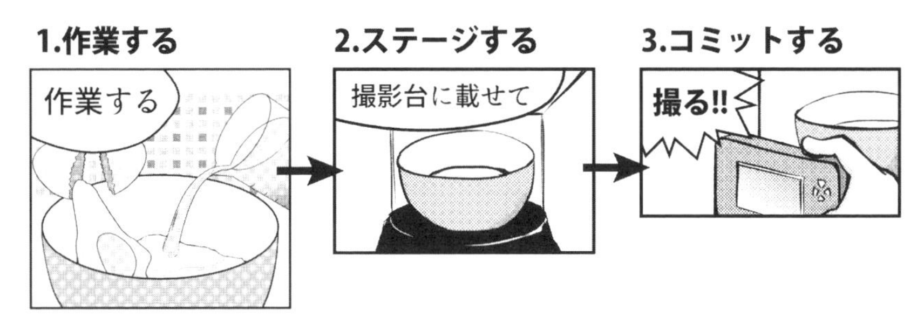

作業する

練習として、テキストファイルでお好み焼きのレシピを作ることにしてみましょう。

先ほど作った「sample」フォルダの中に、テキストファイルを作成してください。「お好み焼き粉・水・卵を入れます」と入力し、「okonomi.txt」という名前で保存して閉じましょう(テキストエディタはお好みのものをご利用ください)。

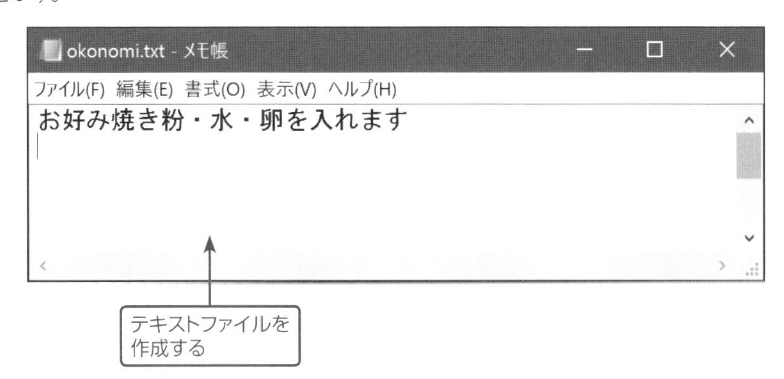

今の状態は次の通りです。

作業ディレクトリ　　ステージングエリア　　リポジトリ

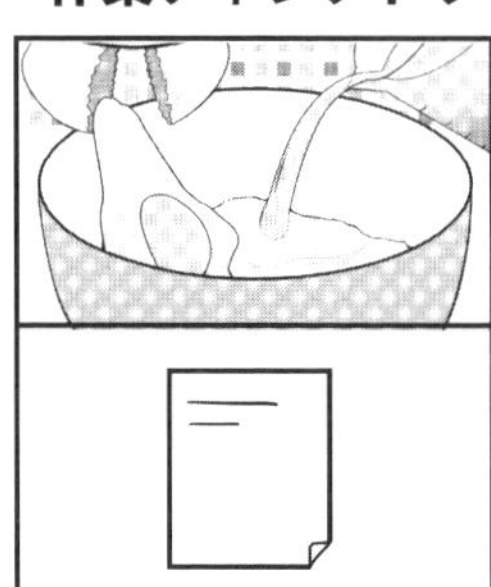

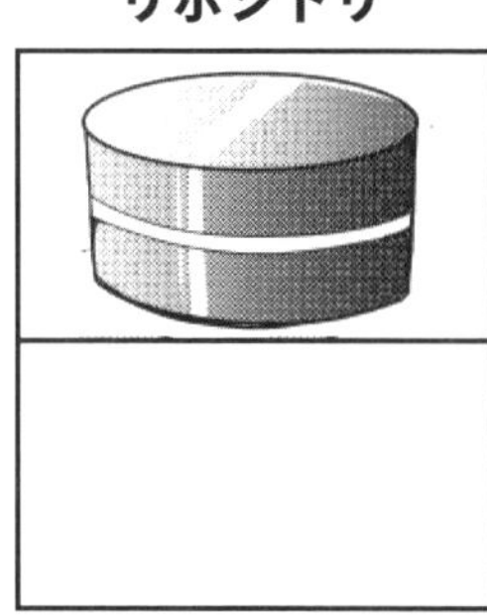

変化があったことをSourceTreeが察知する

「sample」フォルダ内で何らかの変化があると、SourceTreeが自動で察知してくれます。

◆ Windowsの場合

画面左の「WORKSPACE」(ワークスペース)欄の「History」(ヒストリー)をクリックします。「コミットされていない変更があります」と表示されているのが見てとれます。なお、「History」は、日本語に訳すと「歴史」という意味です。つまり「コミットの歴史を閲覧できる画面」ということです。

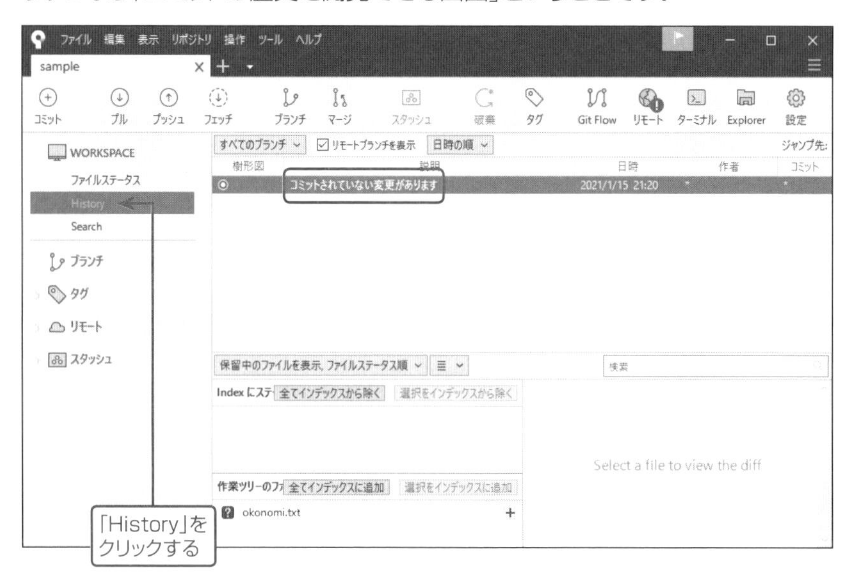

◆Macの場合

左サイドメニューの「ワークスペース」から「履歴」をクリックします。「Uncommited changes」と表示されているのが見てとれます。「Uncommited changes」は、日本語にすると「コミットされていない変更がありますよ」という意味です。

※テキストファイルの内容が文字化けしている場合は、文字コードをUTF-8に変更して保存し、ステージ→コミットし直せば、文字化けが解消されます。

作業ディレクトリに変化があったから、SourceTreeが自動で察知してくれたのだ!

表示が出ないときは、更新してみてね。Windowsの場合は[F5]キー、Macの場合は[⌘]+[R]キーで、更新できるわ。

今はまだ何もないが、これからこの画面に、コミットの歴史が積み重なっていくぞ。

「コミットの歴史」は**コミットログ**や**コミット履歴**と呼ばれることが多いわね。

ステージする

さぁ、変更のあったファイルを撮影台に乗せましょう。

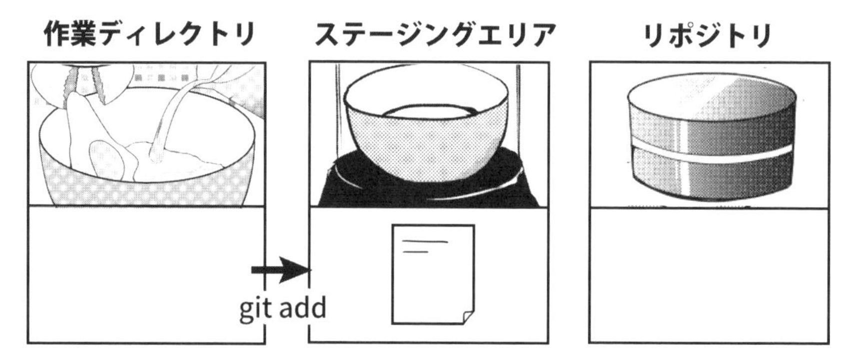

撮影台に載せるイメージだな。

変更のあったファイルを、撮影待ち状態にするんですね。

ステージする方法は次のとおりです。

◆Windowsの場合

「コミットされていない変更があります」をクリックすると、画面下部に、変更のあったファイルが表示されます。[全てインデックスに追加]ボタンをクリックして、撮影台に移動させましょう。

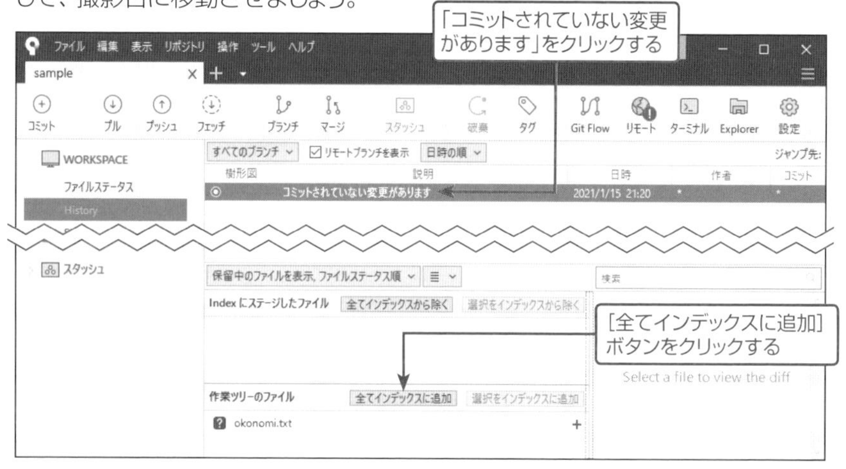

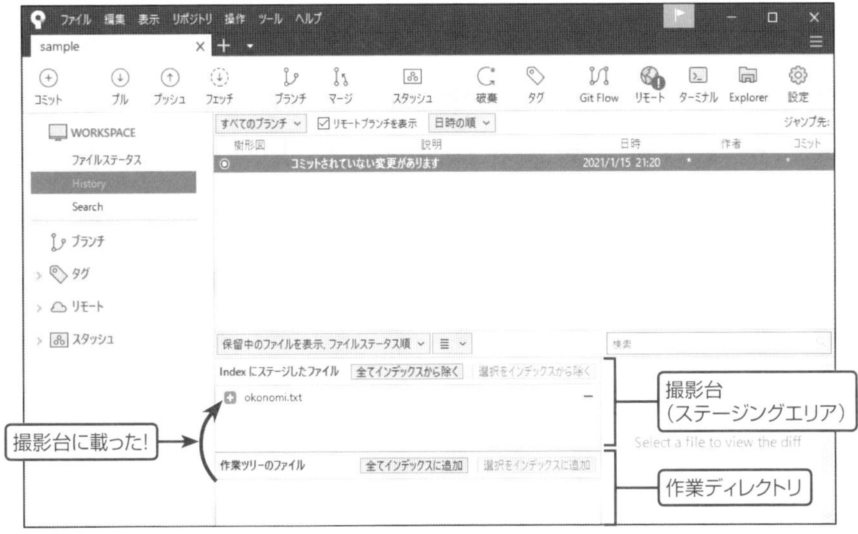

◆ Macの場合

Macをお使いの方は、まず最初に、使いやすいように表示形式を変更しておきましょう。画面なかほどにある ≡ ⌄ をクリックし、[ステージングを分割して表示]を選択します。

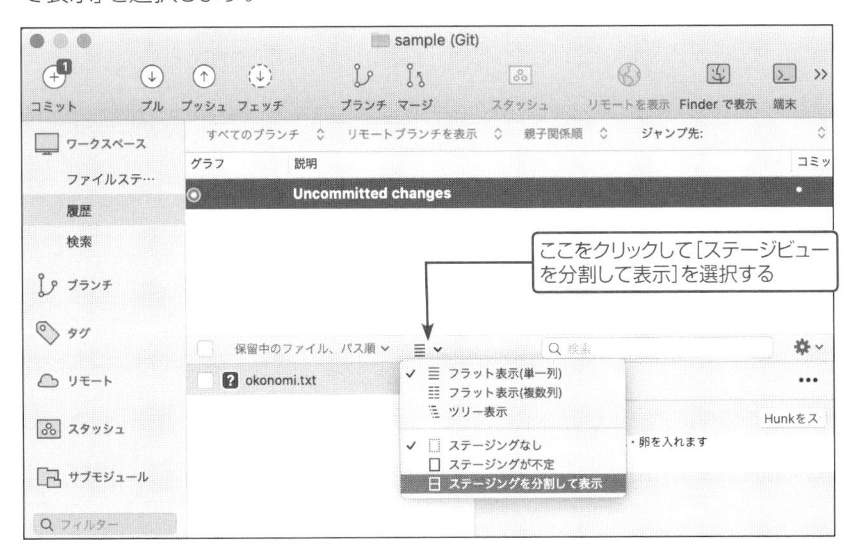

「Uncommited changes」をクリックすると、画面下部に変更のあったファイルが表示されます。ファイル名の左側のチェックボックスをONにして、ステージングエリアに移動させましょう。

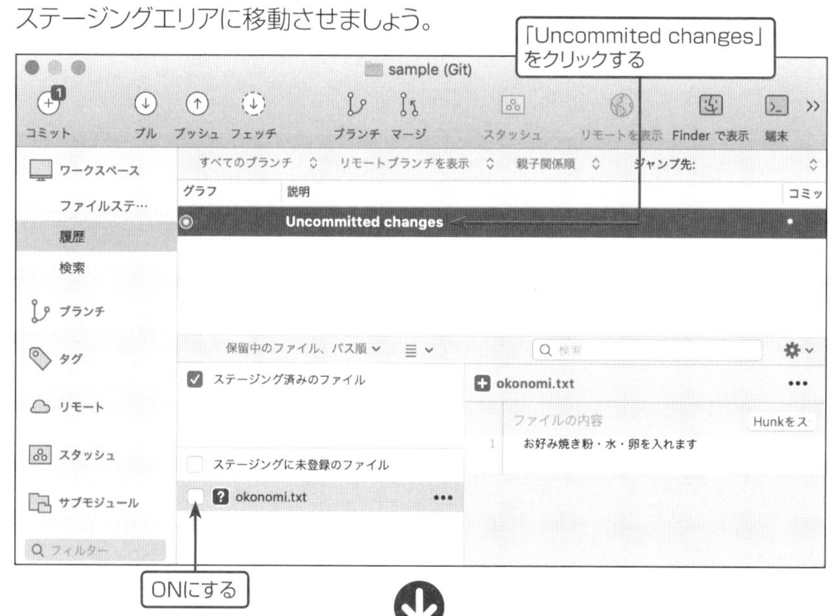

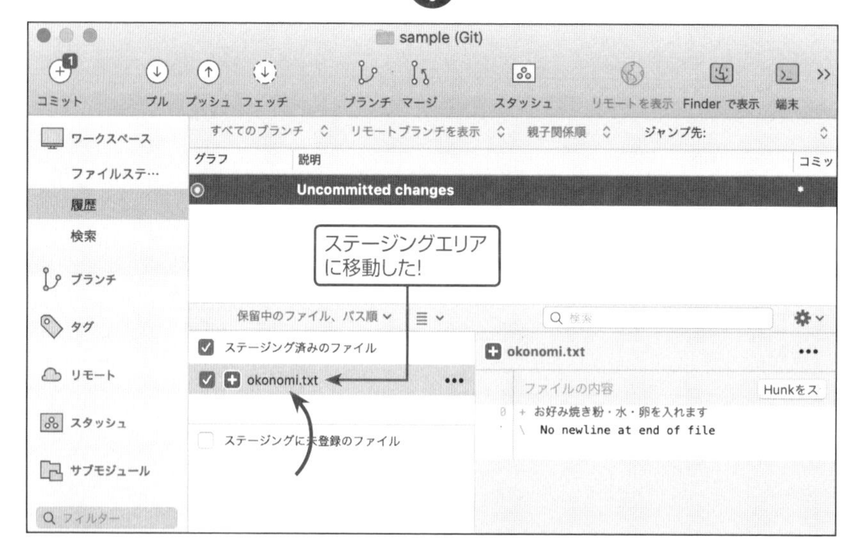

これで、「okonomi.txt」撮影待ち状態にできたね!

コミットする

いよいよ、コミットしてみましょう。その瞬間のファイルやディレクトリの状態を、写真に撮って記録するイメージです。

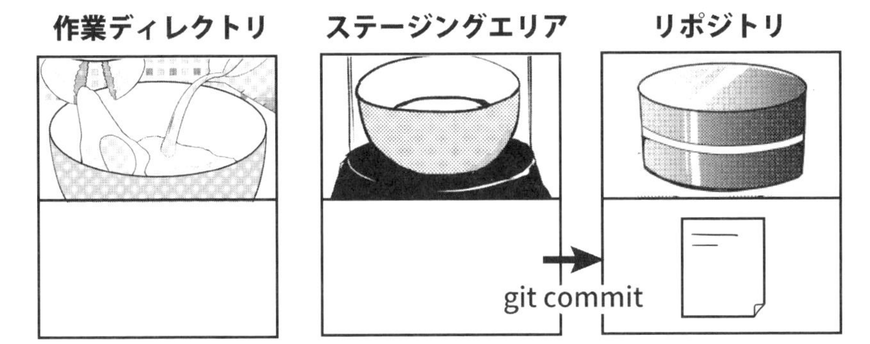

左上の「コミット」アイコンをクリックします。

▼Windowsの「コミット」アイコン

▼Macの「コミット」アイコン

　コミットするときには、必ず、コミットの内容を表すメッセージをつけましょう。「お好み焼きのタネを作成」と入力し、右下の[コミット]ボタンをクリックします。

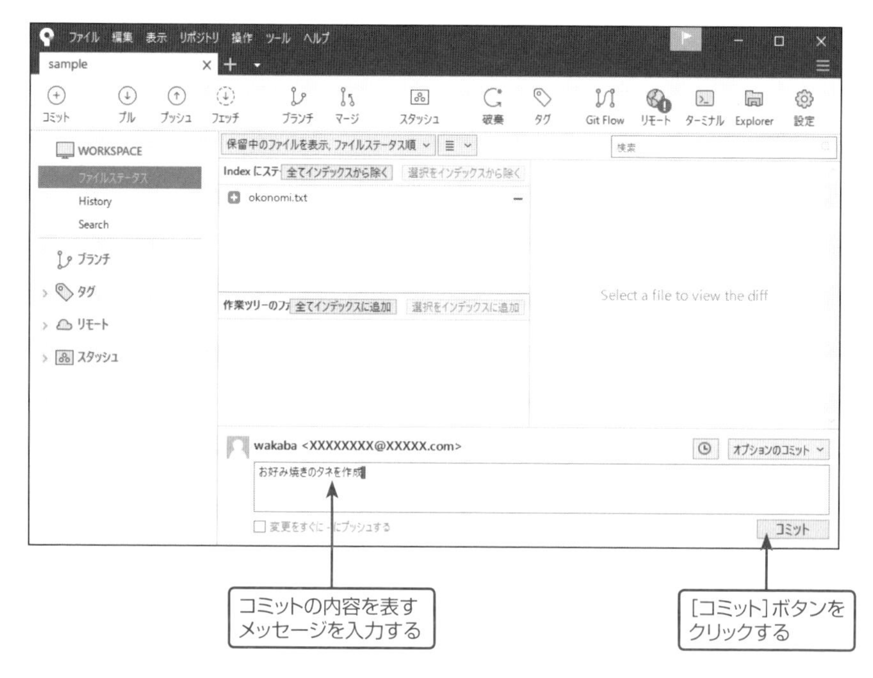

おめでとうございます！　初めてのコミットが記録されました！

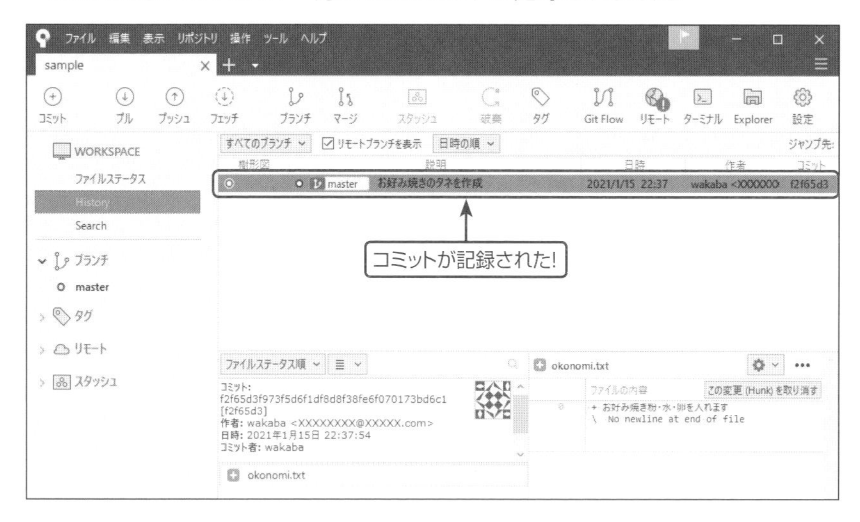

これでファイルに変更を加える → ステージする → コミットするという一連の流れが完了し、1つ歴史が作られました。

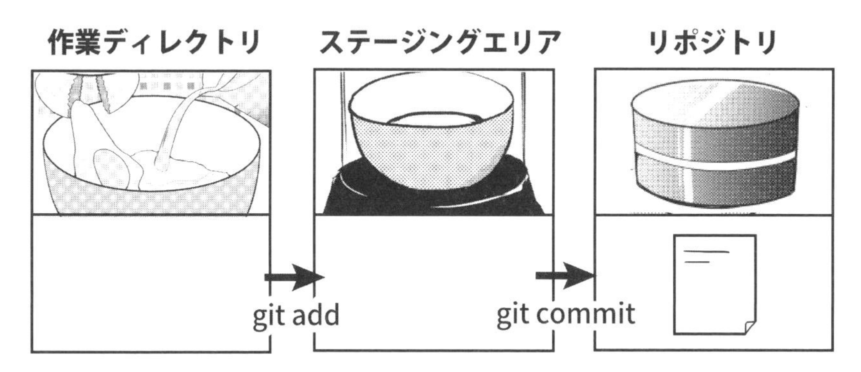

このコミットという作業で、1つのバージョンが作られた。バージョン管理の歴史に追加されたということだ。

コミットは、キリのいいところで行えばいいわ。たとえば「ボタンデザイン変更」「ヘルプページを追加」といった具合ね。

さらに歴史を積み重ねてみよう

続けて、さらに2つ歴史を積み重ねてみましょう。

◆【1】キャベツを入れる

テキストエディタに戻り、さきほどと同じファイルに「キャベツを入れます」と追記して、保存しましょう。

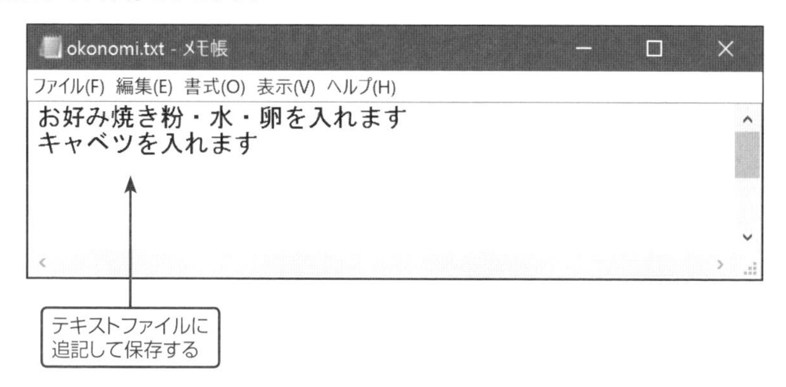

「コミットされていない変更があります」を選択し、「okonomi.txt」をステージします。

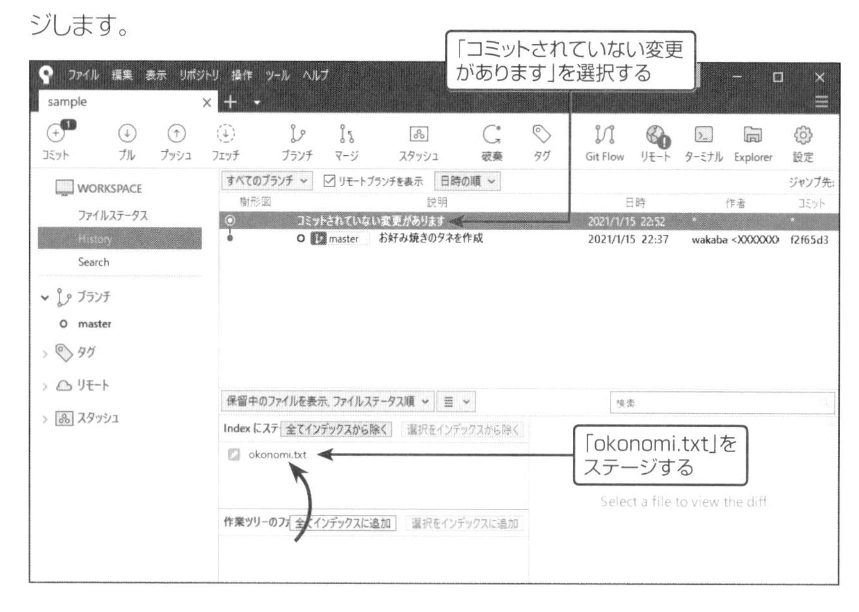

画面左上の「コミット」アイコンをクリックします。コミットメッセージは「具材を追加」と入力し、[コミット]ボタンをクリックします。

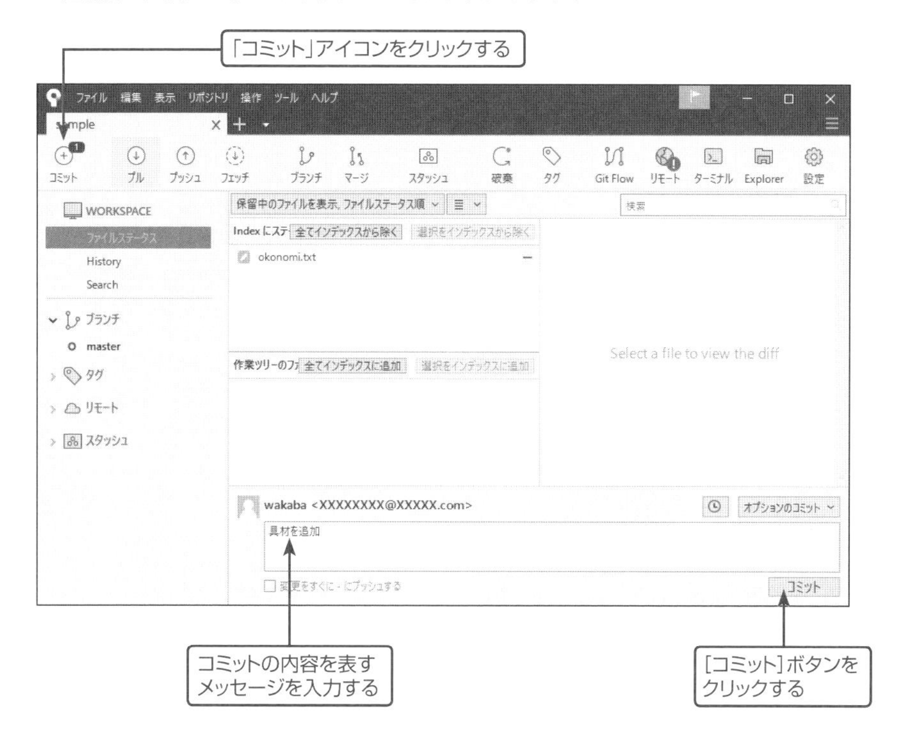

◆【2】コーラを入れる

最後に、もう1つ歴史を積み重ねてみましょう。テキストエディタに戻り、「コーラを入れます」と追記して、保存します。

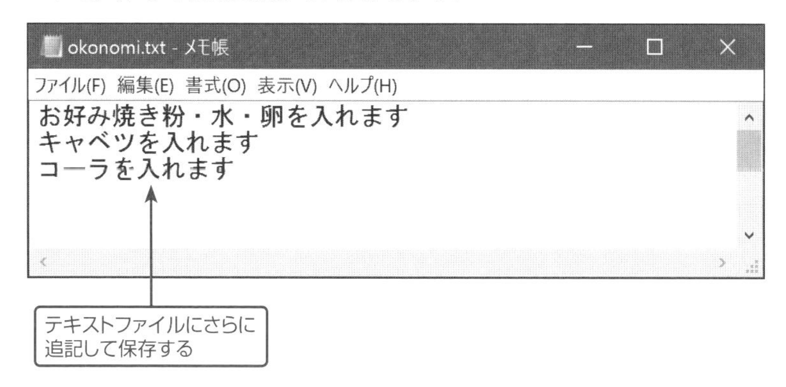

先ほどと同じように、ステージ → コミットしましょう。コミットメッセージは「隠し味を追加」と入力します。

「ログ」タブをクリックしましょう(Macの場合はサイドバーから[履歴]選択してください)。おめでとうございます! 3つ、履歴を積み重ねることができました!

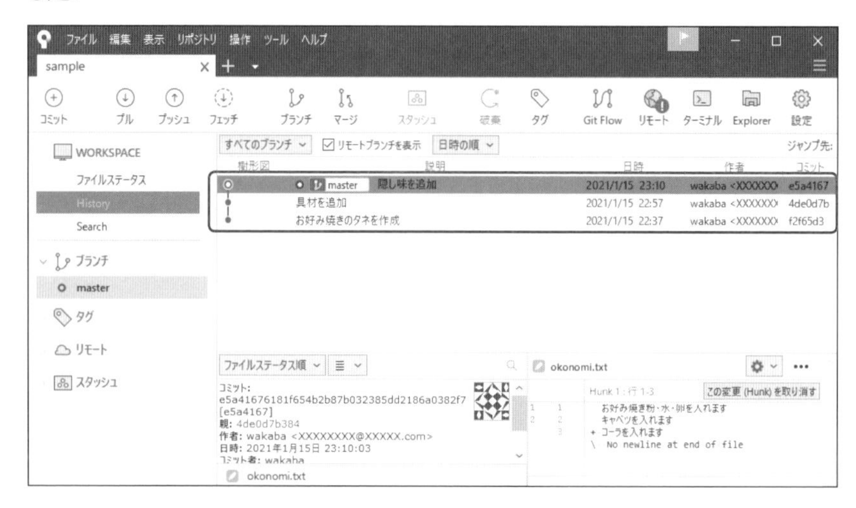

3回連続コミット、お疲れさま！　だいぶ慣れてきたんじゃないかしら？

◆コマンドで操作する場合

本節の操作を行うコマンドは次のとおりです。

```
$ git status            ← 作業ディレクトリの状態を確認する

$ git add ファイル名 ← 指定したファイルをステージする

$ git commit -m "コミットメッセージをここに書く" ← コミットメッセージを
                                                  添えてコミットする
```

まとめ

- 「ファイルに変更を加える→ステージする→コミットする」を繰り返すことで、歴史が記録されていく

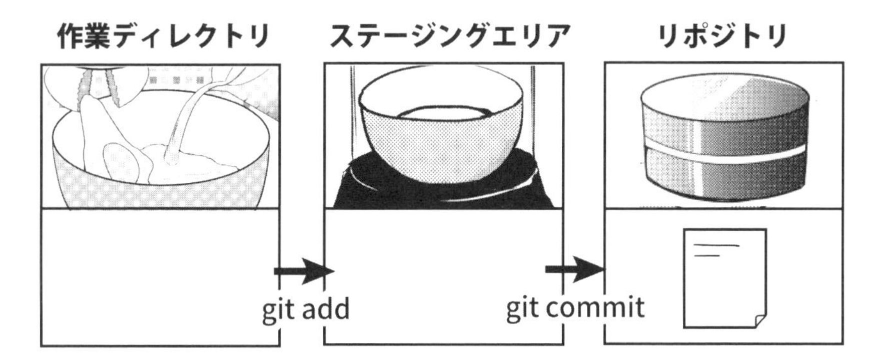

COLUMN ステージングエリアから降ろしたい場合は?

分けて撮影したいから
撮影台から降ろそう

2つのファイルを同時に編集したものの、別々にコミットしたいとします。その場合は次のように操作します。

❶「okonomi.txt」と「pancake.txt」の2つのファイルが両方、ステージングエリアに乗っているとします。今の時点ではコミットに含めたくないファイルをクリックして選択します。

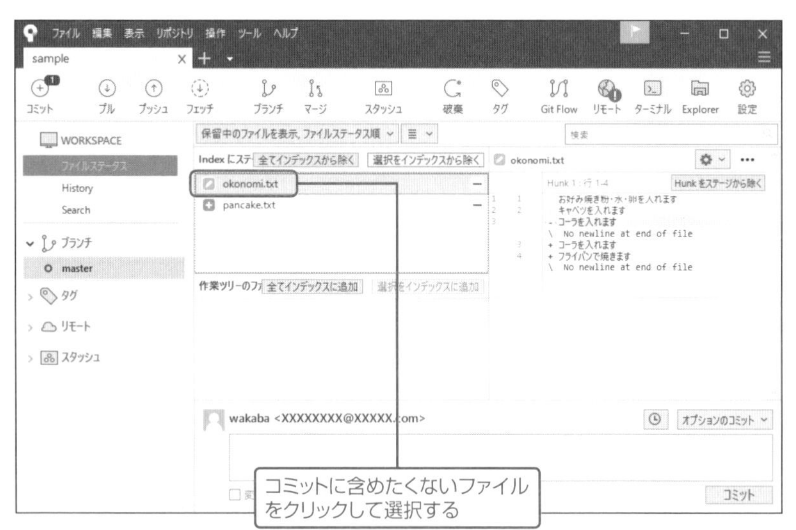

❷ファイルを選択したら、[選択をインデックスから除く]ボタンをクリックします。

❸これで、次の画面のように片方のファイルをステージから降ろすことができました。

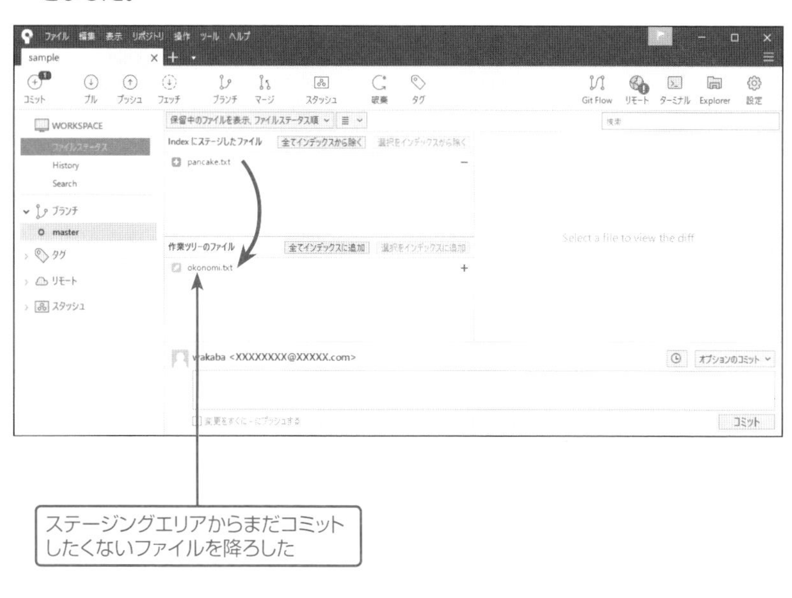

ステージングエリアからまだコミット
したくないファイルを降ろした

❹ それぞれ別々にコミットできました。

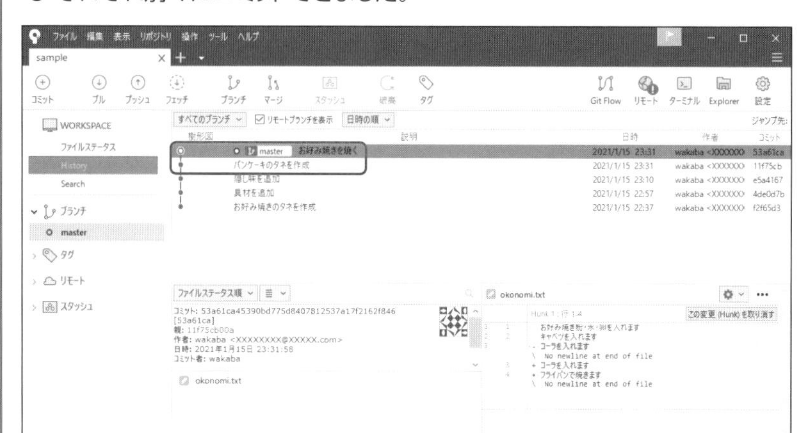

●複数のファイルを小分けにしてコミットしたい場合
●まだコミットせずにおきたい変更がある場合
そういうときのためのステージングエリアなのよ。

「結局コミットするなら、ステージなんて二度手間じゃん!」
そう思っていたころが、私にもありました。

COLUMN コミットメッセージはなぜ必要?

なぜ、毎回コミットメッセージを書かないといけないのでしょうか?
それは「なぜ変更したか」を記録するためです。
コミットすると、自動的に次の事柄が記録されますね。

- When………いつ変更したか
- Who…………誰が変更したか
- What………何を変更したか

ところが、「Why……なぜ変更したか」は自動的には記録されません。修正を加えた本人しか知り得ないからです。よって、コミットメッセージで書き表す必要があるのです。

チェックアウトで コミットを移動してみよう

うわ!!
バッ
パァァァァ
元に戻ってる！
コーラを入れる前の状態だ！
すごい すごい!!
普通のお好み焼きが食べられる～♪
そうね。

フッ

伊呂波(いろは)わかば
おもしろいやつだ

ファイルの状態を特定の時点に戻す方法はいろいろあるけど、今回は**チェックアウト**を使ってみましょう。

チェックアウト？

チェックアウトをすると、作業ディレクトリ内のファイルを指定した時点と同じ状態にできるわ。

うーん？　わかったようなわからないような。

さっき、魔王教授が、お好み焼きを作りながら写真を撮っていたでしょう。

うん。作業しながら、一枚一枚撮ってたね。

そうね。その一枚一枚のスナップショットはリポジトリに貯まっていくわね。その中から、保存された一枚を選ぶと、作業ディレクトリにロードすることができるのよ。

作業ディレクトリ　**ステージングエリア**　**リポジトリ**

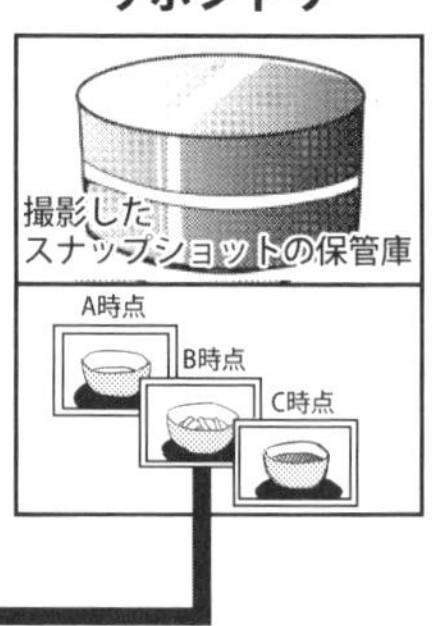

B時点の状態を読み込み！

なるほど〜。それじゃ、さっそくチェックアウトしてみようっと!

過去のコミットにチェックアウトしてみよう

過去のコミットにチェックアウトするには、次のような手順で行います。

❶ 61～73ページの実践を終えたら、テキストファイルはこのような状態になっていますね。

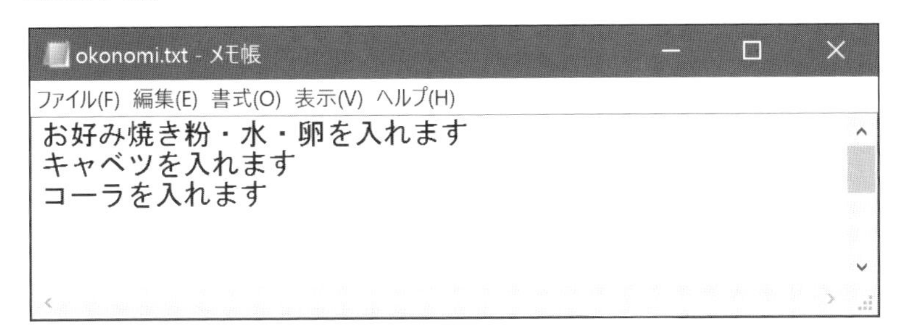

❷ コミットログは、下に行くほど過去のものになっています。「具材を追加」した時点に戻したいので、そのコミット(**1**)をダブルクリックします。

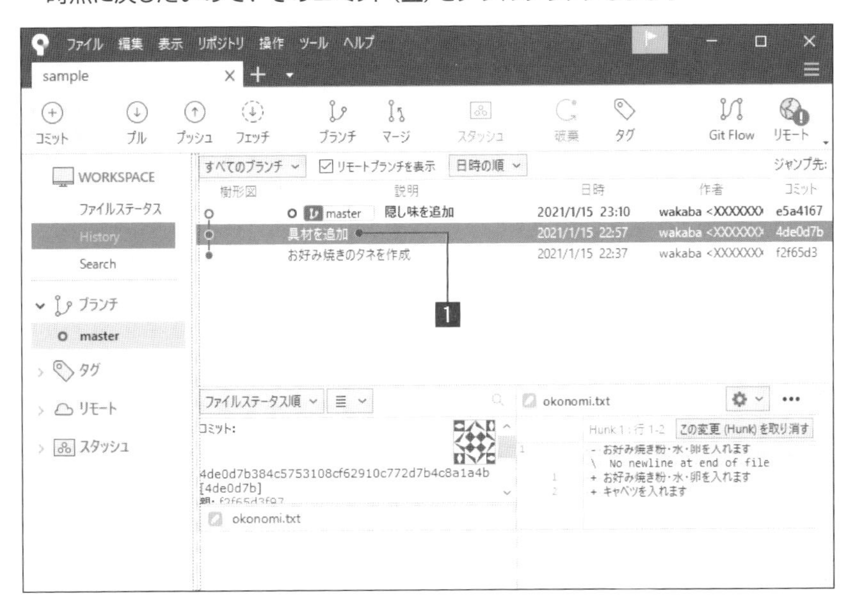

❸ 確認ダイアログが表示されます。［OK］ボタン(1)をクリックします。

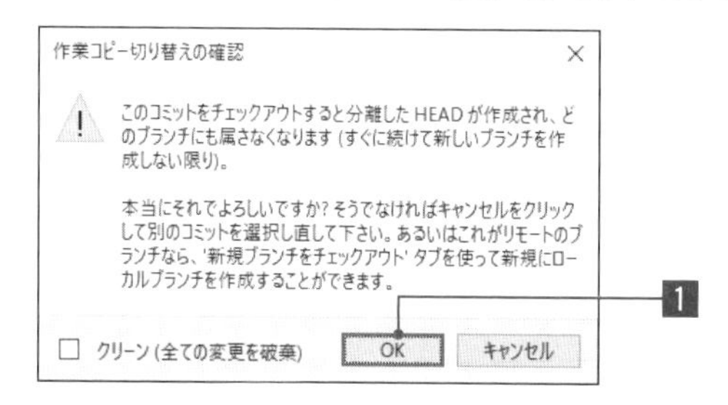

❹ 作業ディレクトリを開いて、テキストファイルの中身を開いてみましょう。コーラを加える前の状態に戻っています！

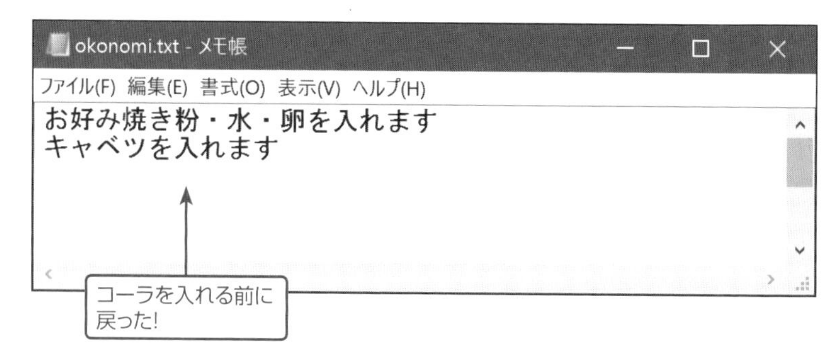

最新のコミットにチェックアウトしてみよう

過去のコミットにチェックアウトしても、また最新のコミットに進むこともできます。

❶ 最新のコミットに進んでみましょう。「隠し味を追加」のコミット(1)をダブルクリックします。

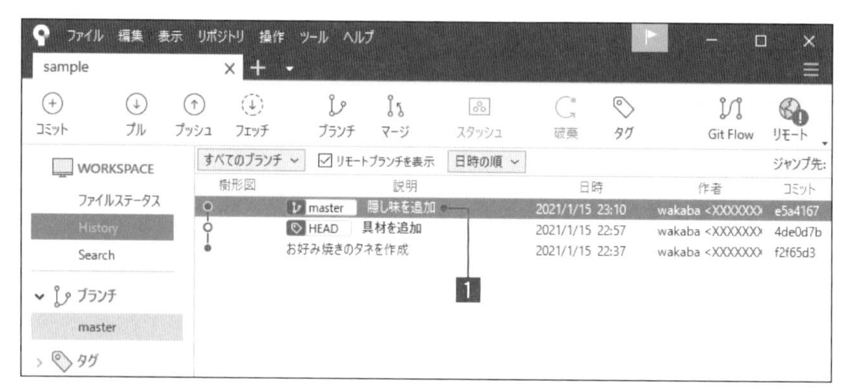

❷テキストファイルを開くと最新の状態に戻っています。

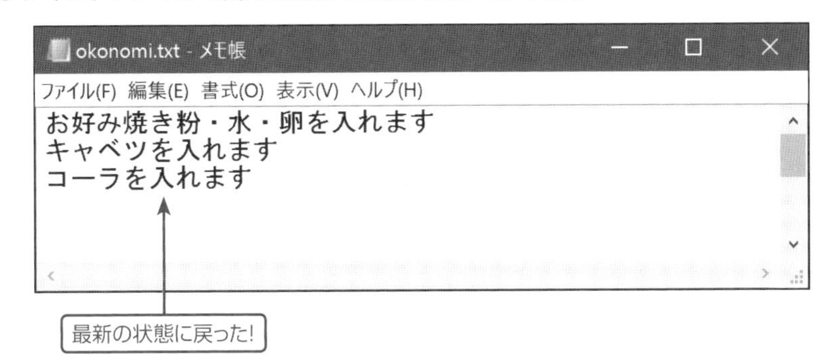

最新のコミットに戻ったら、コーラが入った状態に戻っちゃったけど?

その通り。チェックアウトは**今いるコミットを移動するだけ**なのよ。過去の変更を打ち消したいなら、リバート(192ページ参照)を使うといいわ。

Gitには、まだまだいろんな機能があるぞ! 私のゼミに入ったからには、これからマンツーマンで教える! 喜べ!

やっと新しい学生が入って、よっぽどうれしいのね。

◆コマンドで操作する場合

本節の操作を行うコマンドは次のとおりです。

```
$ git checkout コミットID ← 指定したコミットに移動する
```

まとめ

- チェックアウトをすると、指定した時点のデータを、作業ディレクトリにロードできる

COLUMN コミットログに表示されている英数字は何?

コミットログを見ると、コミット1つひとつに何やら英数字が割り振られていますね。これは、コミットIDの頭の7文字です。

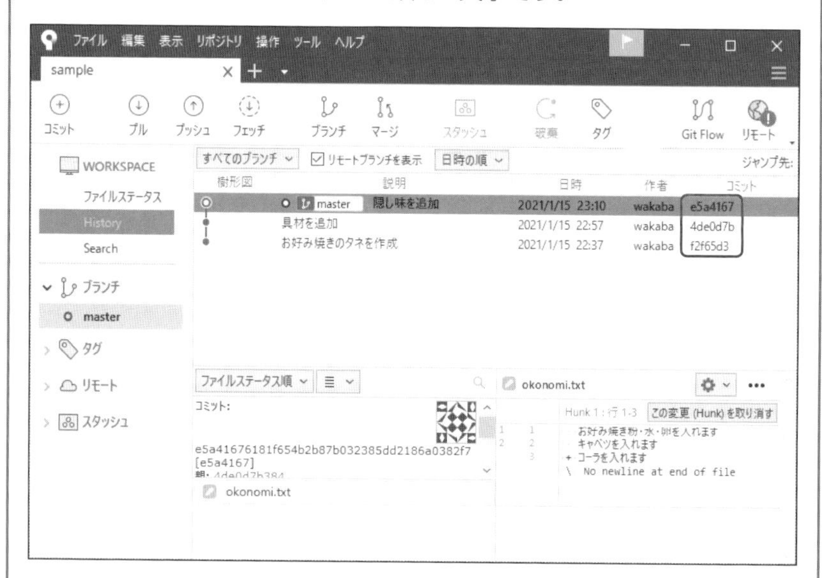

コミットIDを右クリックし、[SHAをクリップボードにコピー](Macの場合は[クリップボードにSHA-1をコピーします])を選択すると、次のような40桁のコミットID全体が取得できます。

```
e5a4167bff817ec66f44342007202690a93763949
```

Gitで記録した1つひとつのコミットは、コミットの内容をもとに生成された40桁の特殊な英数字と紐づけられます。

もし、この仕組みがなく、古いものから順に001、002…と連番でコミットIDがつけられてしまうとしたら、どうなってしまうでしょうか? 他の人と共同作業をした途端、たちまち同じコミットID同士が衝突してしまうでしょう。

この40桁の番号が、1つひとつのコミットに付いているおかげで、同じリポジトリを複数人で使えるんだな。

COLUMN おすすめツール「Visual Studio Code」の紹介

本書ではSourceTreeをメインに解説していますが、それ以外でおすすめなツールが、Visual Studio Code（以下、VS Code）です。

「えっ?　VS Codeってエディタじゃないの?」と思った方、そのとおりです。VS Codeは、Microsoft製のコードエディタです。エディタではあるのですが、Gitを標準サポートしており、さらにプラグイン（拡張機能）が豊富です。

▼VSCodeの画面

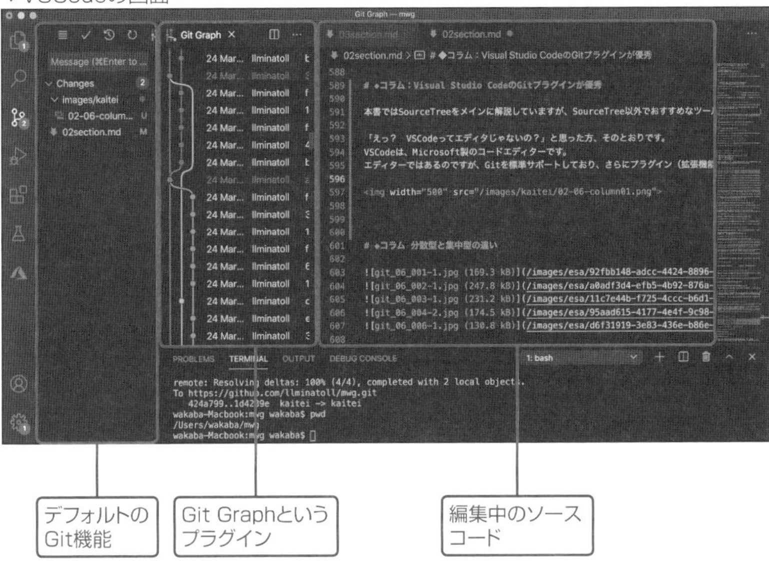

VS Codeのいいところは、コーディングとGit操作を1つの画面で行えることです。SourceTreeの場合、エディタとSourceTreeとを行ったりきたりしなければいけませんよね。そのストレスから解放されます。

ただし、カスタマイズ性が高い分、初心者にはやや難しいかもしれません。SourceTreeに慣れてきて、他のツールも使ってみたいと思ったら、VS Codeを試してみるのがおすすめです。

- Visual Studio Code（無料）

URL https://code.visualstudio.com/

COLUMN 分散型バージョン管理システムって何?

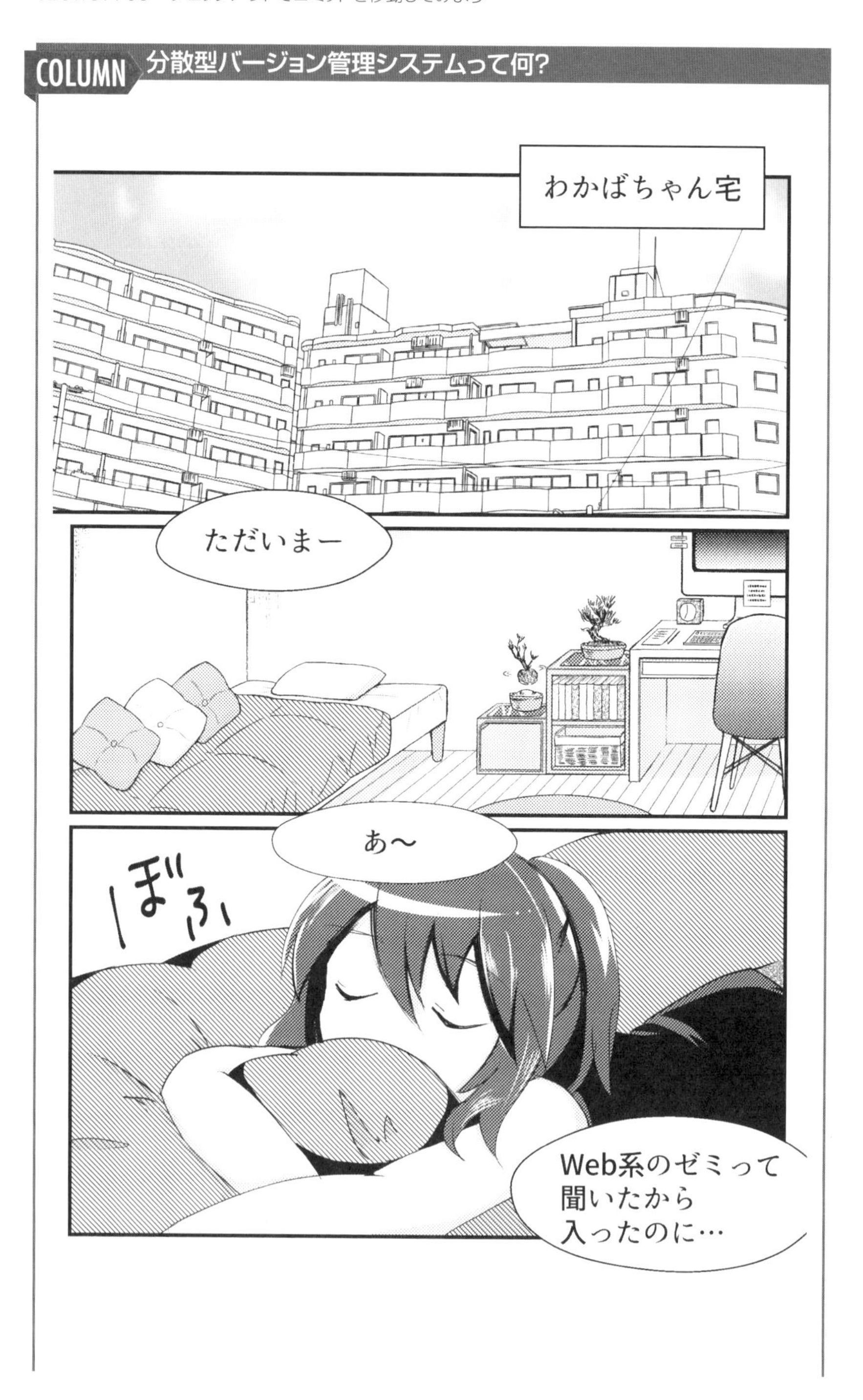

理想

現実
HA
HA
HA
HA

ゼミ生もまだ
私1人
みたいだし
入るゼミ
間違えたかな…

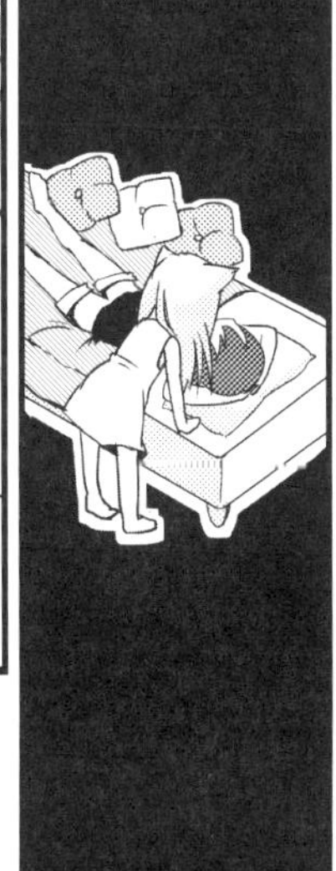

んばっ
わかばちゃん
どうか
したの？

あぅ
ギャアアアアア
普通に登場して!?
下からとか上からじゃなくて!!
ゴッ
…へぇ〜
そんなことが
あったんだ
で、わかばちゃんは
なんでGitを
ゴリ押しされてるのかが
わからないんだね
HTMLちゃん
わかばちゃんの家に
居候している謎の生命体
Gitのすごいところは
分散型なところなんだよ
分散型？
なにそれ？
……。

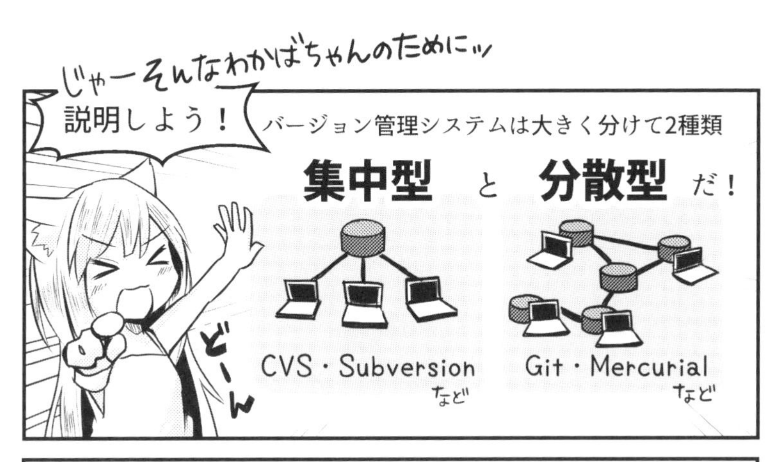
じゃーそんなわかばちゃんのためにッ
説明しよう！
バージョン管理システムは大きく分けて2種類
集中型 と 分散型 だ！
どーん
CVS・Subversion など
Git・Mercurial など

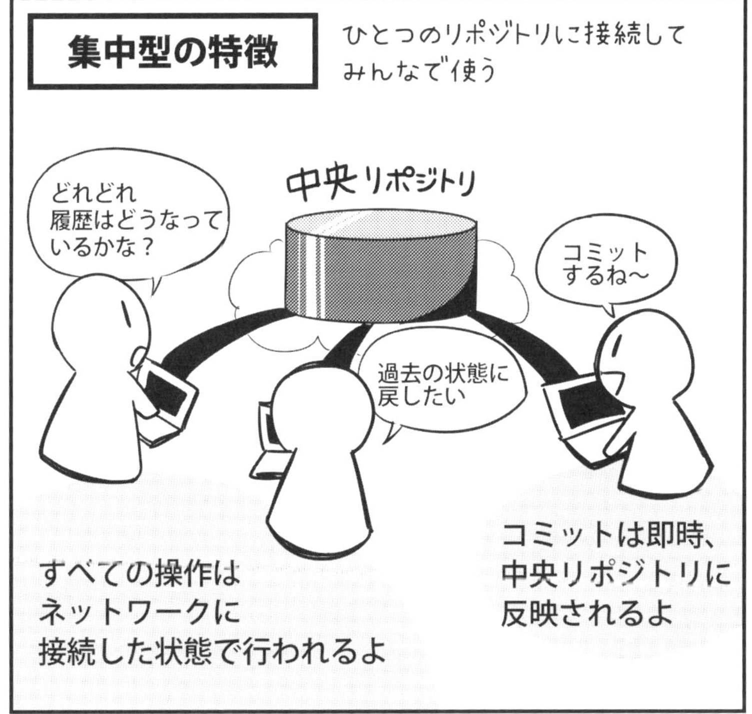
集中型の特徴
ひとつのリポジトリに接続してみんなで使う
中央リポジトリ
どれどれ履歴はどうなっているかな？
コミットするね〜
過去の状態に戻したい
すべての操作はネットワークに接続した状態で行われるよ
コミットは即時、中央リポジトリに反映されるよ

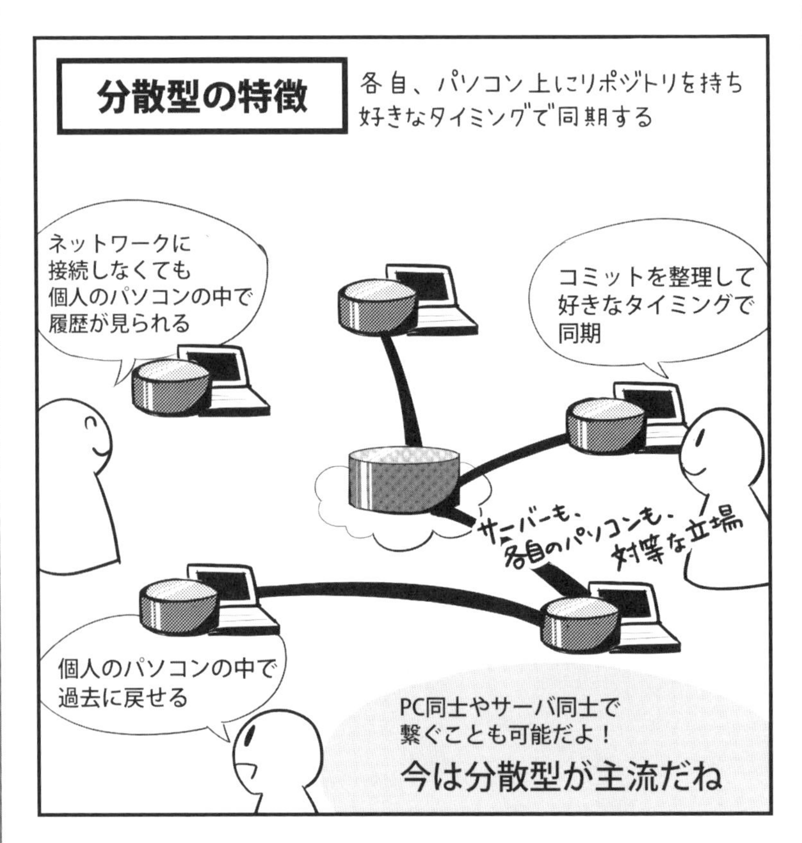
分散型の特徴
各自、パソコン上にリポジトリを持ち
好きなタイミングで同期する
ネットワークに
接続しなくても
個人のパソコンの中で
履歴が見られる
コミットを整理して
好きなタイミングで
同期
サーバーも、
各自のパソコンも、
対等な立場
個人のパソコンの中で
過去に戻せる
PC同士やサーバ同士で
繋ぐことも可能だよ！
今は分散型が主流だね

うーん
分散してると**複雑そう**
リポジトリが いっぱい
それに
コミットと同期が別だと、
手間が増えて面倒なんじゃ…？

バージョン管理システムは大きく分けて2種類に分類できます。

- **集中型バージョン管理システム**（CVS・Subversionなど）
- **分散型バージョン管理システム**（**Git**・Mercurialなど）

集中型は「1つのリポジトリに接続してみんなで使う」タイプ、分散型は「中央のリポジトリを、各自のパソコンにクローンしてきて、好きなタイミングで同期する」タイプです。

複数人でバージョン管理するときは、メンバーのみんながアクセスできる場所に、中央リポジトリを置く必要があるんだ。

中央リポジトリを置く……？　その中央リポジトリっていうのは、どこに置けばいいの？

GitHubやBitbucketなどのホスティングサービス上に置いて使うよ。社内サーバーを立ち上げて、そこに中央リポジトリを置いて使う方法もあるよ。

いろいろな方法があるのね。

社内サーバーをいちから立ち上げるのはわかばちゃんには難易度が高いだろうけど、ホスティングサービスを使えば、クリックしていくだけでクラウド上にリポジトリが作れるんだ。わかばちゃんでもすぐ使えるようになるよ。

早く使ってみたい！

というわけで、次の章からは、複数人でのGitの使い方を学ぼう！

CHAPTER 3

複数人でGitを使ってみよう

GitHubのアカウントを作ろう

…まぁ習うより
慣れろって言うしな
あと
観察してると面白いし
よかろう

GitHub（ギットハブ）は
わかるな？
Gitホスティング
サービスのひとつだ
頭がネコで体がタコの
キャラクターが
特徴的だな
新入りも一度は
見たことが
あるんじゃないか？

…!?
※わかば想像図
頭が
ネコ…？
いや…
もっと
かわいい

むーん
でも
お高いんで
しょう？
無料プランが
あるぞ

GitHubの特徴

GitHubは、無料で公開リポジトリ・非公開リポジトリを何個でも作ることができます。ただし、無料の場合、非公開リポジトリ1つあたりの共同作業者が3人までという制限付きです。有料プランに入れば、何人でも共同作業者を追加できるようになります。

GitHubのアカウントを作ろう

GitHubのアカウントは次の手順で作成します。

❶ GitHubのトップページ(https://github.com/)にアクセスして、メールアドレス(1)、を入力し、[Sign up for GitHub]ボタン(2)をクリックします。

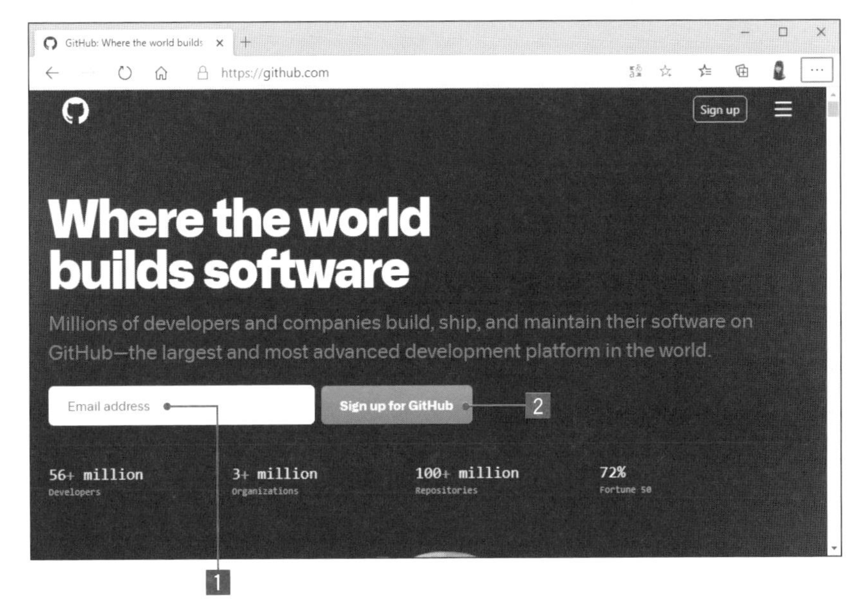

❷ 希望ユーザー名(1)、パスワード(2)を入力します。すでに他の人が使っているユーザー名は指定できません。末尾に数字をつける、別のニックネームにするなどして、自分だけのユーザー名にしましょう。なお、「Email Preferemces」(3)をONにすると、GitHubのアップデート情報やアナウンスがメールで届きます。

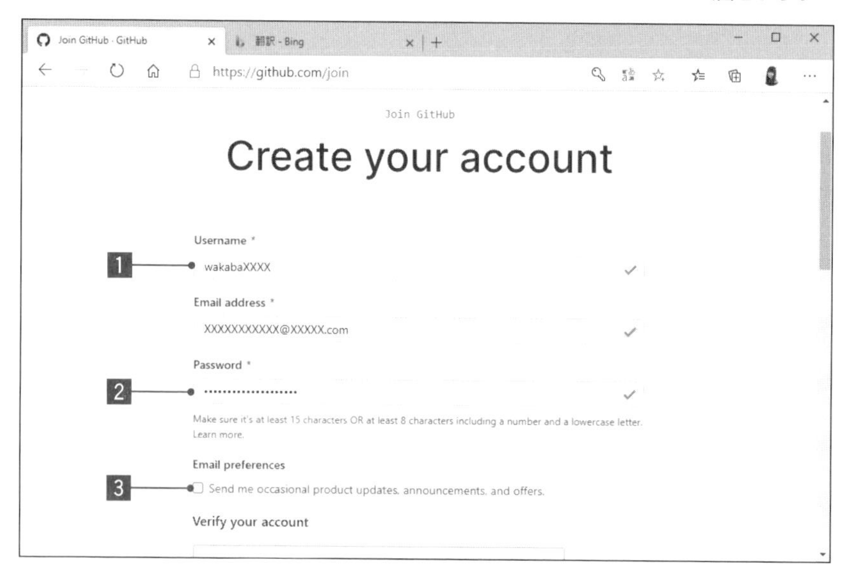

❸ ロボットによる自動操作ではないことを認証します(1)。表示された質問に答えて[Create account]ボタン(2)をクリックします。

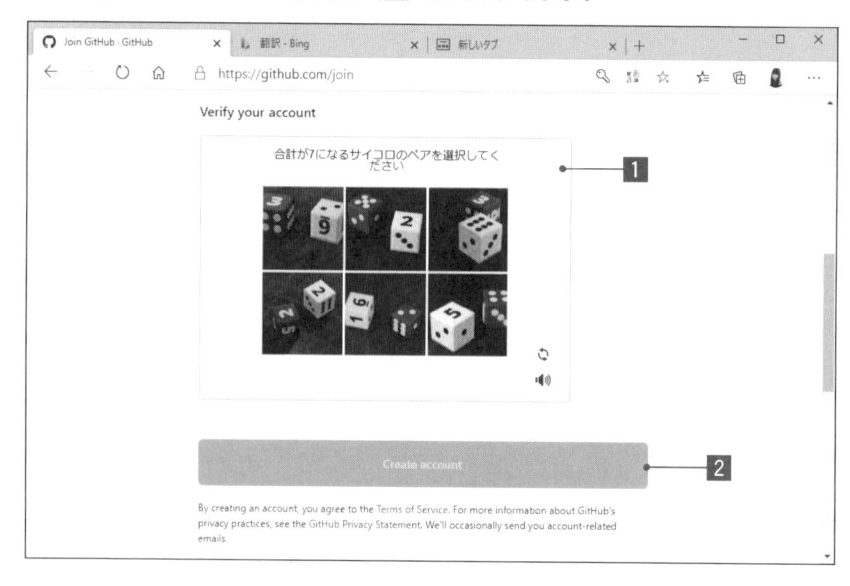

❹「Welcome to GitHub」と表示されます。いくつか質問があるので、当てはまるものを選んで[Complete setup]ボタン(1)をクリックします。

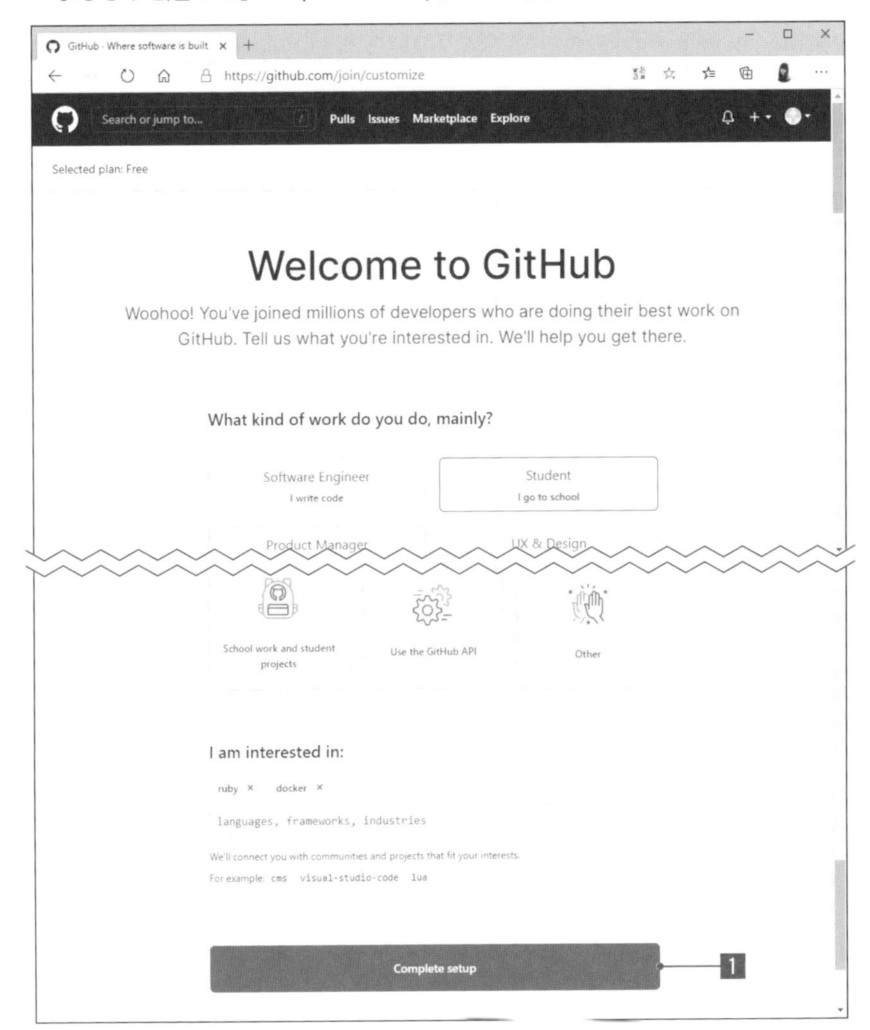

❺確認用のメールが届きます。届いたメールに記載されているURLをクリックして、登録完了です。

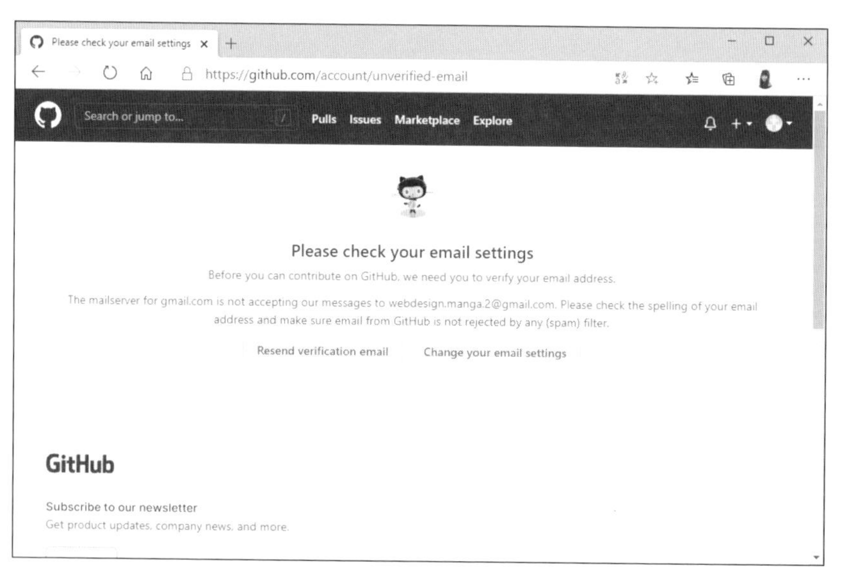

COLUMN GitHubのプランについて

個人で利用する場合、主なGitHubのプランは下表のようになります。

プラン	概要	費用
Free	公開/非公開リポジトリ無制限（非公開リポジトリ1つあたりの共同作業者は3人まで）	無料
Pro	上記に加え、共同作業者無制限、高度な機能が利用可能	有料（月額7ドル）

無料アカウントでも、非公開リポジトリの作成はできますが、一部の機能（GitHub PagesやWikiなど）が制限されます。すべての機能を使いたくなったり、非公開リポジトリの共同作業者を3人以上に増やしたくなった場合、Proにアップグレードするとよいでしょう。

SECTION 08 SSH接続の設定をしよう

自分で作るんだよ
はあっ!? 鍵とか作ったことないし!
むずかしそう
そんなに身構えることはない
この1行でカンタンに作れるぞ
$ ssh-keygen -t ed25519 -C ""
コマンド操作
ホイ
home
.ssh
秘密鍵
公開鍵
id_ed25519
id_ed25519.pub
ファイル名

公開鍵の中身を見てみよう
鍵といっても現実世界の鍵とは違って文字列でできているのだ
これが公開鍵だ!
ssh-ed25519
AAAASAMPLE1lZDI1NTE5AAAAIG
+omVSaLk0AXueYlfkdFK
1JD7MSF2Ww2SuKpy
な〜んだ
鍵の正体ってただの英数字の羅列のテキストファイルなんだ

操作の続きはWeb上の記事に書いたのでそちらを見ながら実践してほしい!
短い英単語を書いてあるとおりに打ち込むだけだから一緒に頑張ろう
ページ数の関係で載せきれませんでした
スミマセン
$ ssh
笑顔が似合わないな…
https://github.com/elmas3/pull-request-practice/wiki

SECTION 09

練習用のリポジトリをコピーしてこよう

狙って
ないってば！
わ、わざとじゃ
ないわよ！
エルマスさん、
これって…

複数人でGitを
使ってみたいんでしょう
MEMBER
真央ゼミナール
NEWS
Professor
Assistant
Research Student
MEMBER
WORKS
じゃ
ゼミのWebサイト制作を
手伝ってくれる？

と、
とにかく

まずは
私のリポジトリを
フォーク
してから
クローンして
フォーク？
クローン？

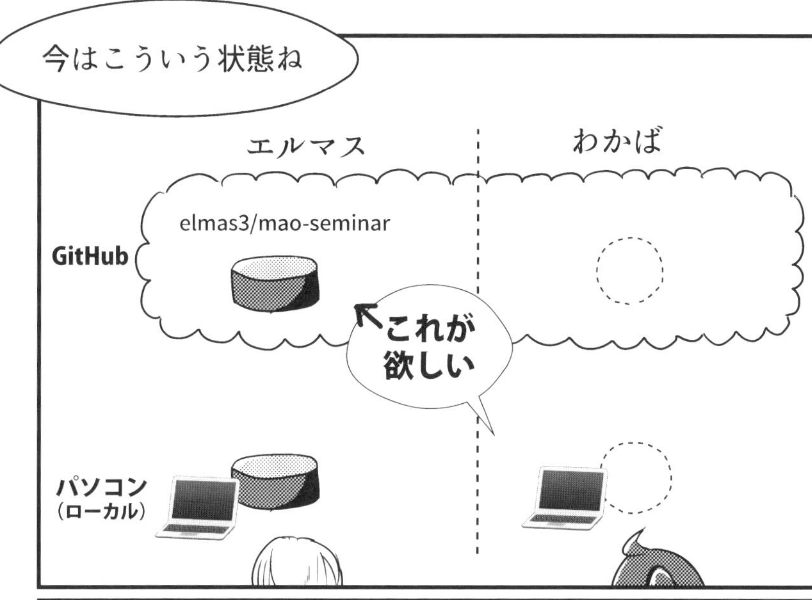
今はこういう状態ね
エルマス
わかば
elmas3/mao-seminar
GitHub
これが欲しい
パソコン（ローカル）

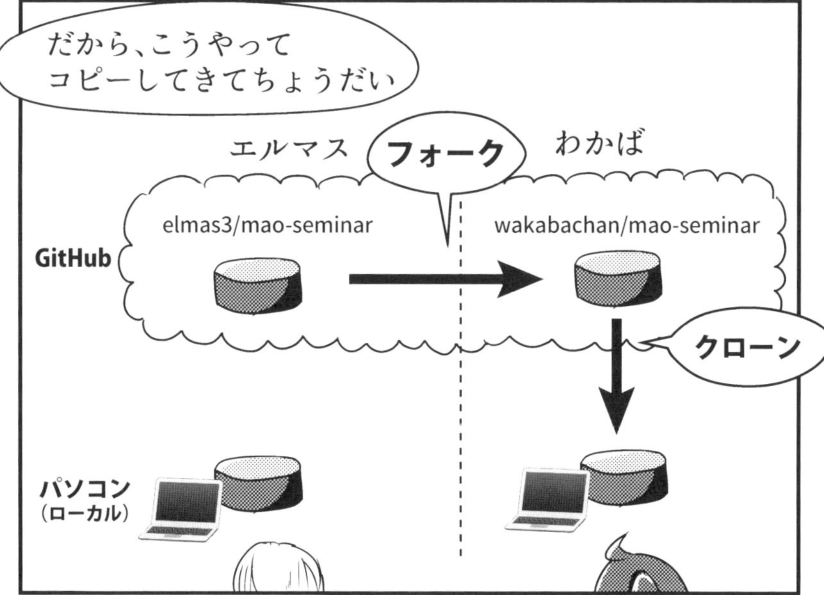
だから、こうやってコピーしてきてちょうだい
エルマス
フォーク
わかば
elmas3/mao-seminar
wakabachan/mao-seminar
GitHub
クローン
パソコン（ローカル）

どうやってコピーするの?

GitHub上で公開されている、エルマスさんのリポジトリをコピーしてきましょう。流れは次のようになります。

❶ フォークする。

❷ クローンする。

フォークする

フォークすると、他の人が公開しているリモートリポジトリを、自分のアカウントにコピーできます。エルマスさんが公開している、ゼミのWebサイト用のリポジトリをコピーしてきましょう。

❶ GitHubにログインした状態で、下記のURLにアクセスします。

URL https://github.com/elmas3/mao-seminar

❷「elmas3/mao-seminar」という名前のリポジトリが表示されます(1)。画面右上の[Fork]ボタン(2)をクリックします。

❸ フォークが完了するまで数秒待ちます。

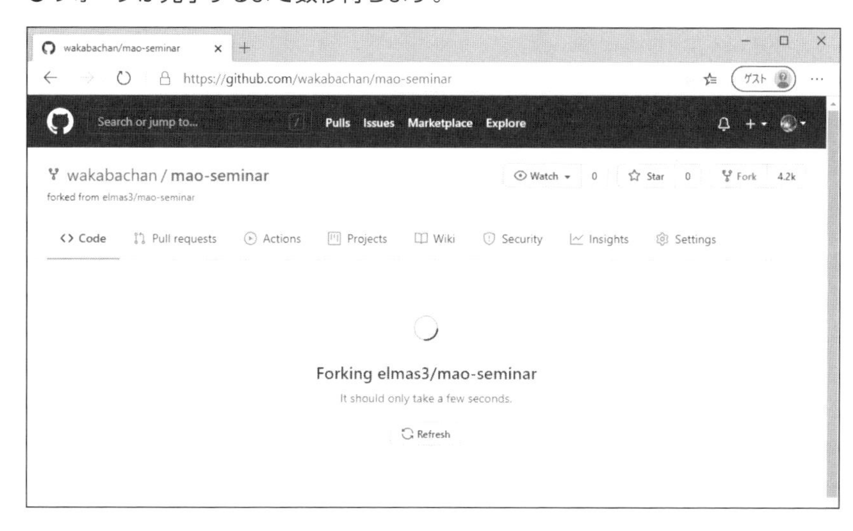

❹ 見事、あなたのアカウント下に、フォークしたリポジトリの複製が作られました! このリポジトリの名前は「(自分のアカウント名)/mao-seminar」(1)となっているはずです。

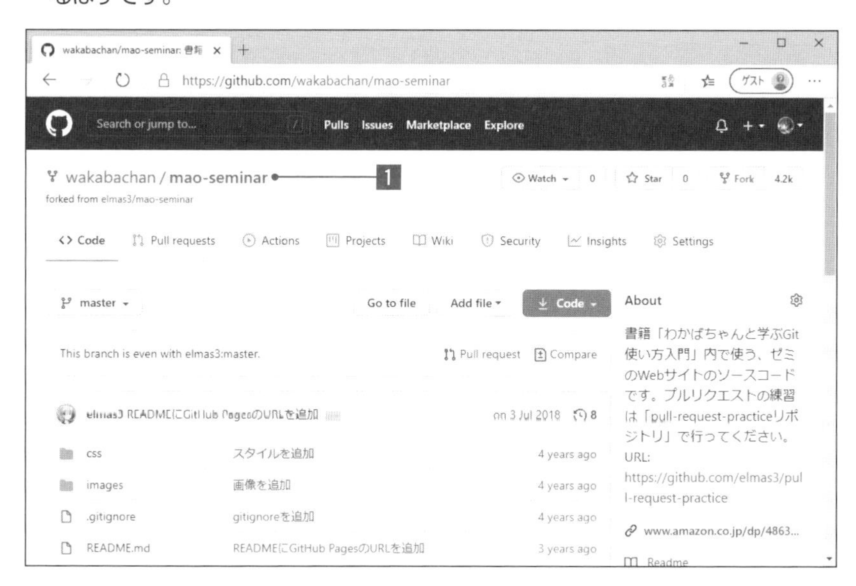

フォーク(fork)は、英語で食器のフォークだけど、「川や道などが分岐する」という意味もあるのよ。

クローンする

今はまだ、GitHub上でコピーしただけなので、自分のパソコンにはリポジトリはありません。このリモートリポジトリを、自分のパソコンにダウンロードしてきましょう。

今からやる操作をクローンと呼びます。

❶［↓Code］ボタン(1)をクリックし、「HTTPS」(2)が選択されていることを確認して、URLをコピーします(3)。コピーするURLは次のような形式になっています。

URL https://github.com/自分のアカウント名/mao-seminar.git

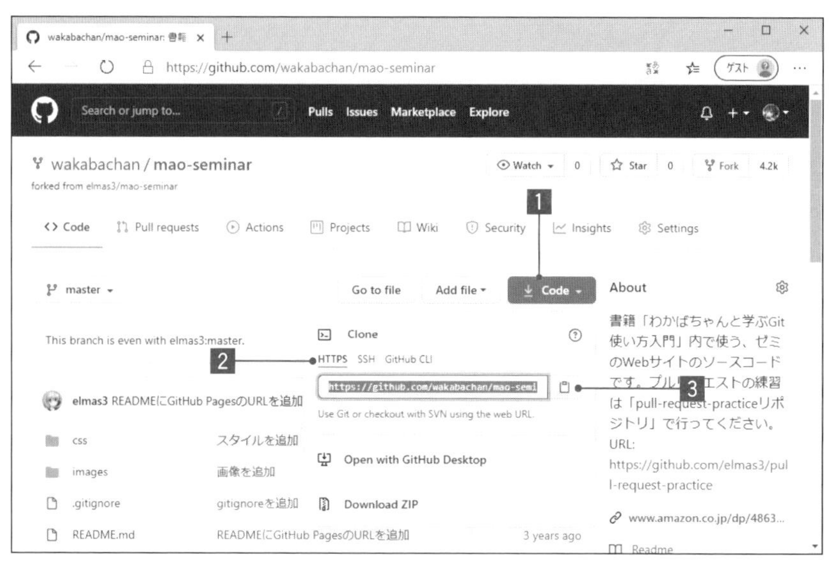

こんなURL、はじめて見た！　末尾が「.git」になってる。

ああ。これは、そのURLがGitリポジトリということの証だ。URLの末尾に「.git」とついていたら「これはリポジトリなんだな～」と思っておけばよい。

❷ SourceTreeを開き、まず画面上部のメニューバーから[ファイル]→[新規/クローンを作成する](■1)の順にクリックします。

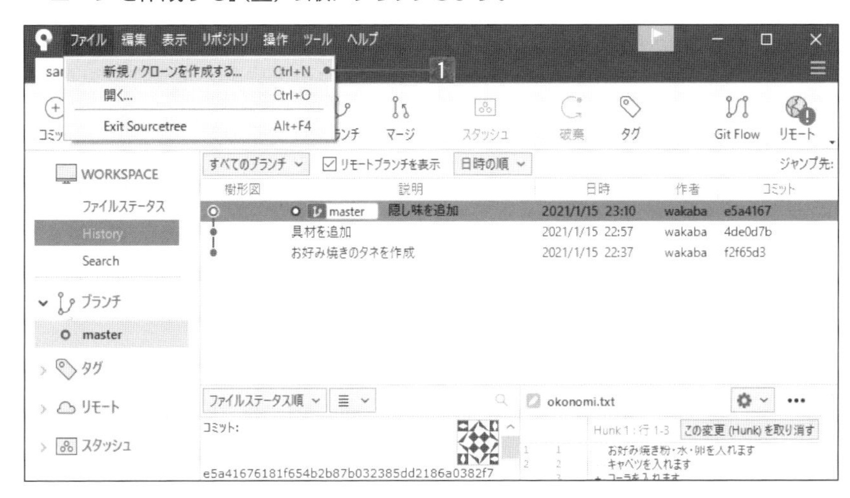

◆ Windowsの場合

Windowsの場合は、次のように操作してクローンします。

❶ 上部メニューの「Clone」タブ(■1)をクリックします。[元のパス/URL](■2)に、先ほどコピーしたURLを貼り付けます。

❷ 画面上の適当な場所をクリックする(1)と、自動で[保存先のパス]と[名前]に情報が入ります(2)。その後、[クローン]ボタン(3)をクリックするとクローンが始まります。

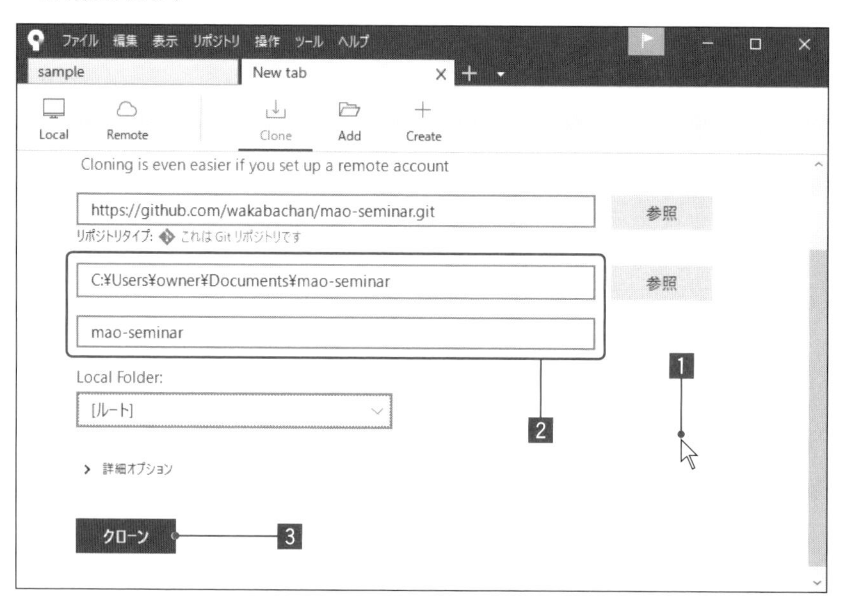

❸ コミットログ(1)が表示されれば、クローン成功です。

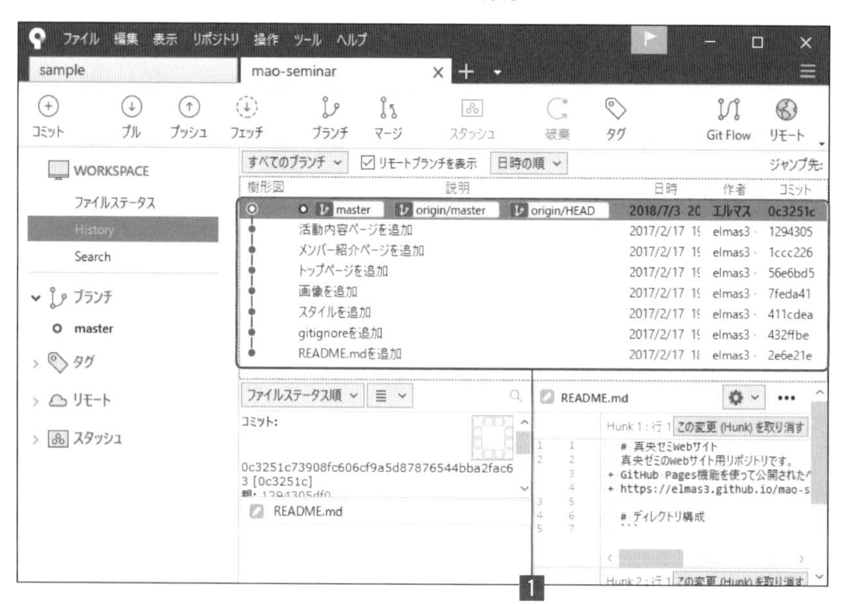

◆Macの場合

Macの場合は、次のように操作してクローンします。

❶ [新規リポジトリ] ドロップダウンボタンから [URLからクローン] (1) を選択します。

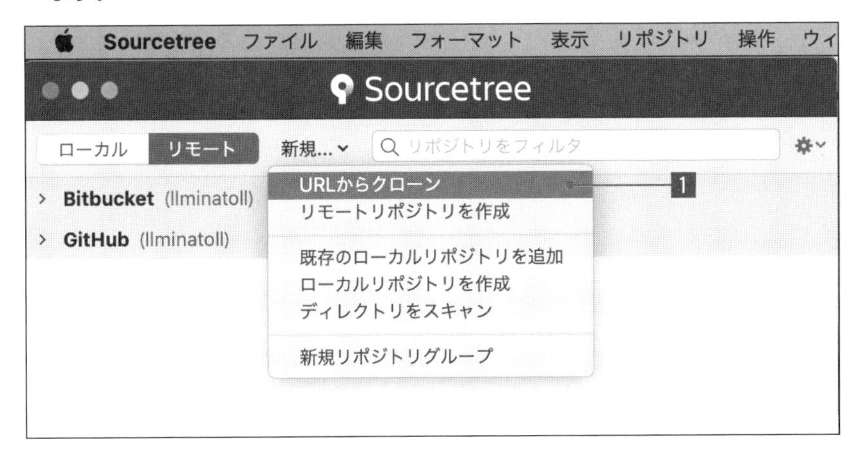

❷ [ソースURL] (1) に、先ほどコピーしたURLを貼り付けます。その後、[クローン] ボタン (2) をクリックすると、クローンが始まります。

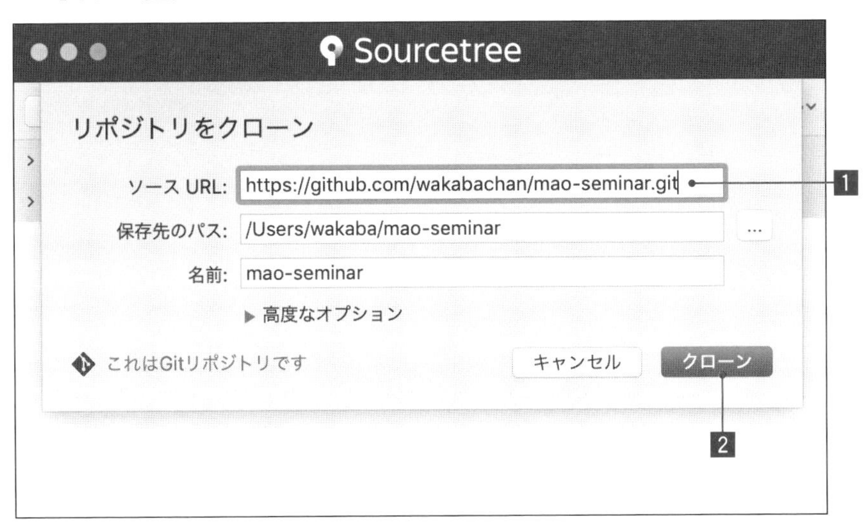

❸ コミットログが表示されればクローン成功です。

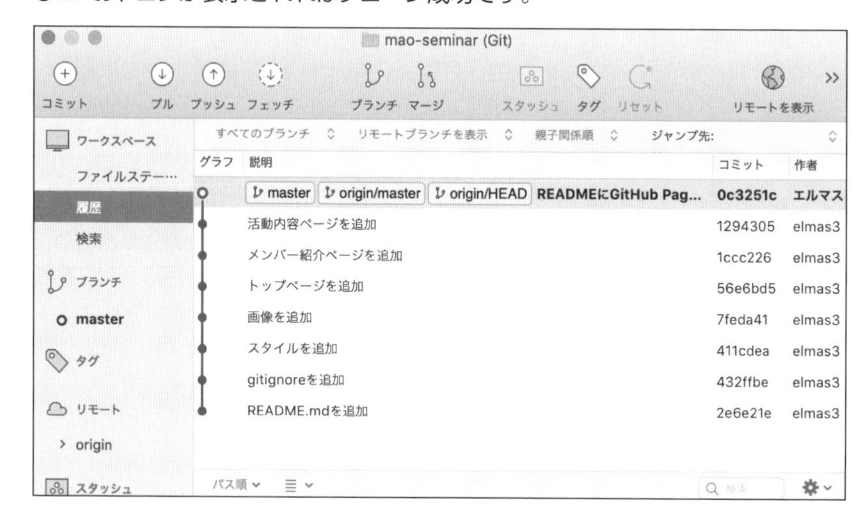

◆リポジトリの中のファイルを閲覧するには

リポジトリの中のファイルを見たいときは、画面上部のメニューバーから[操作]→[エクスプローラで表示](Macの場合は画面上部のメニューバーから[操作]→[Finderで表示])を選択します。

すると、クローンされてきたファイルを閲覧できます。

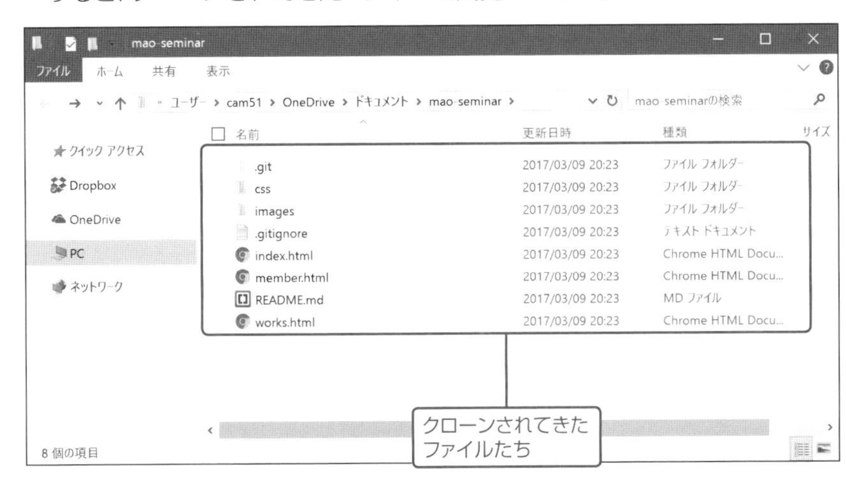

やったね！　GitHub上のエルマスさんのリポジトリを、自分のパソコンの中にもダウンロードしてこれたよ！

次のページからは、このリポジトリを使って、複数人でのGit運用を学んでいきましょう！

◆ コマンドで操作する場合

本節の操作を行うコマンドは次のとおりです。

```
$ git clone 自分のリモートリポジトリのURL ← リモートリポジトリをクローンする
```

まとめ

- フォークとは
  - 他人が公開しているリモートリポジトリを、自分のアカウントに、クラウド上でコピーする機能
- クローンとは
  - クラウド上のリモートリポジトリを自分のパソコンの中にダウンロードする機能

COLUMN 企業の開発現場ではフォークはせずに直接クローンすることが多い

本書では、練習用データを取得するためにフォークしていますが、企業の開発現場では、不用意にリポジトリが分散するのを防ぐため、フォークはせずに1つのリモートリポジトリを複数人が直接クローンして作業することが多いです。

▼開発現場では直接クローンして作業することが多い

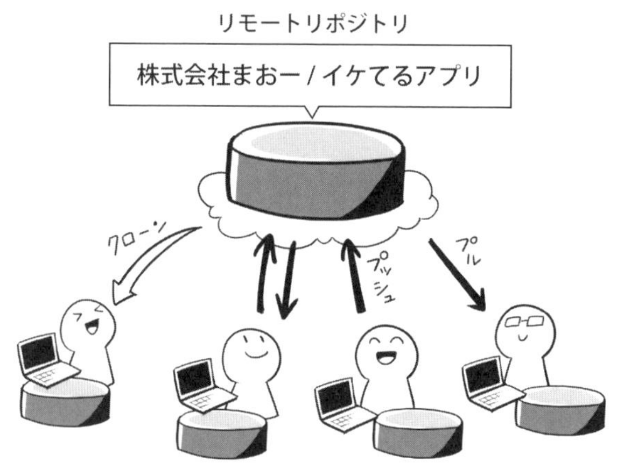

フォークがよく使われるシーンは、他の人が公開しているソフトウェアを修正したり、改良したりするときです。253ページのコラム「オープンソース/ソーシャルコーディングの世界」で触れています。

SECTION 10 並行世界を作ろう(ブランチ)

これなら
別のブランチで
変更があっても
kome
sakana
酢飯に
しました
こっちには
影響なし
その影響を受けずに
開発を続けられるだろ
それって
どう便利…?
つまり
並行世界を作れる
ということだ
ハッ!!

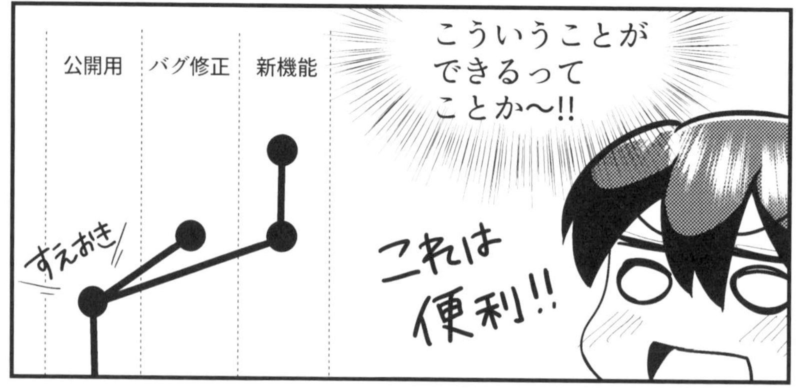
公開用
バグ修正
新機能
こういうことが
できるって
ことか〜!!
すえおき
これは
便利!!

ブランチの概念

次の図だけで、ブランチというものがなんとなくわかる方もいるかもしれませんが、わかばちゃんにもう少し突っ込んでもらいましょう。

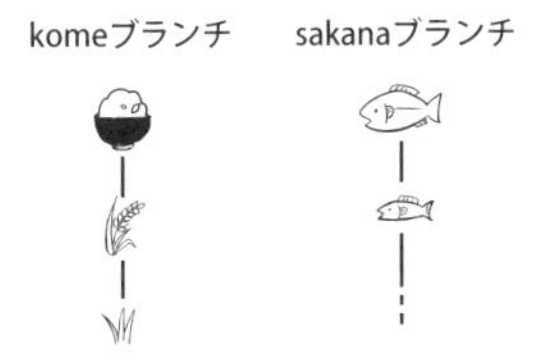

ブランチって何!?

Gitの公式ドキュメントにはこうあります。

Gitにおけるブランチとは、(中略)単にコミットを指す軽量なポインタに過ぎません。

なるほどわからん! ポインタって何?

ポインタとは、簡単に言うと「今ココ!」です。

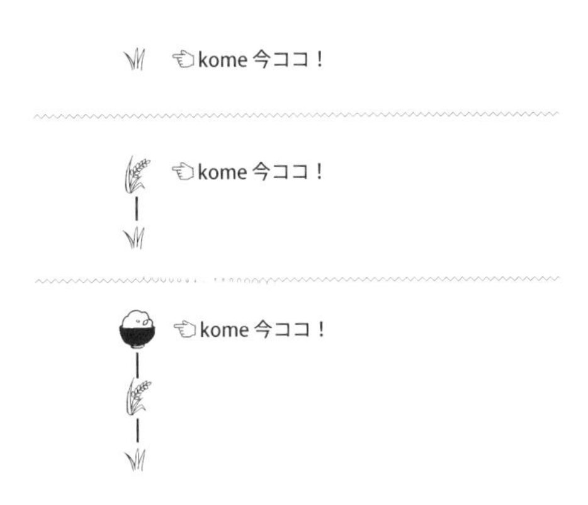

ほほ〜。新しいコミットが積み上げられると「今ココ!」が移動していくんだね。

ブランチの移動

ブランチの移動にはチェックアウトを使います。今自分がいるブランチは「*」をつけて表します。

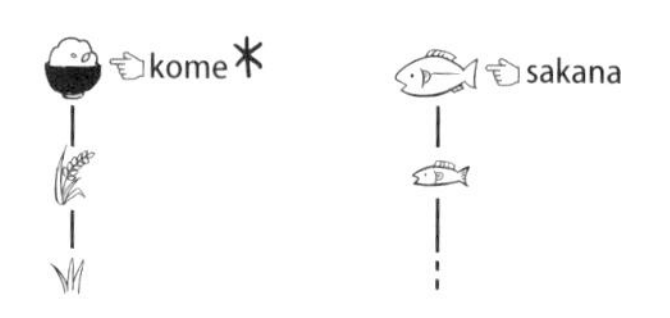

この状態からsakanaブランチへチェックアウトしてみます。するとkomeブランチからsakanaブランチへ移動できました!

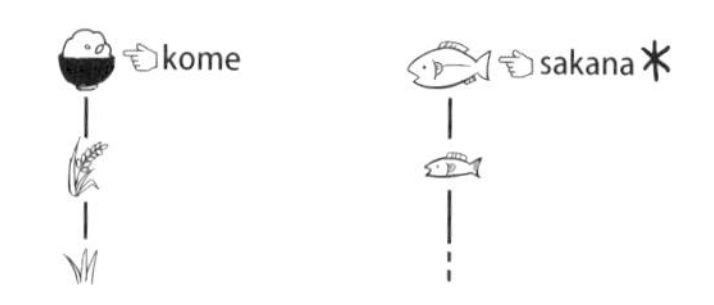

チェックアウトすると、任意のコミットへ自分を移動させることができます。

◆自分が今チェックアウトしているブランチの確認方法

SourceTreeでは、自分が今いるブランチは太字で表されます。次の場合、自分は今、masterブランチにいることがわかります。

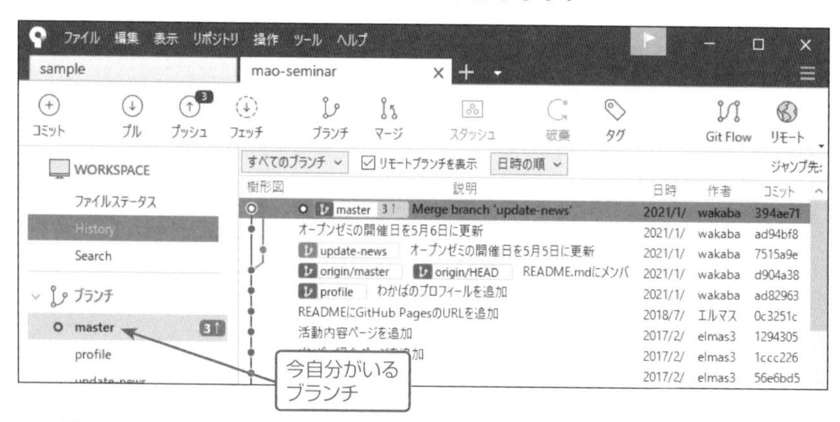

チェックアウトは、77ページでも使ったわね。

ところで、masterブランチって何?

ところで、masterブランチって何?

最初から存在するブランチで、「本流」みたいな意味よ。基本的には、masterブランチは、本番用の最新のソースコードが保たれるようにするといいわ。

実践:新規ブランチを作ってコミットしよう

新規ブランチ「profile」を作成し、わかばちゃんのプロフィールを加えた後、コミットします。

❶「ブランチ」アイコン(1)をクリックします。「新規ブランチ」タブ(2)の[新規ブランチ](3)に「profile」と入力し、[ブランチを作成]ボタン(4)をクリックします。

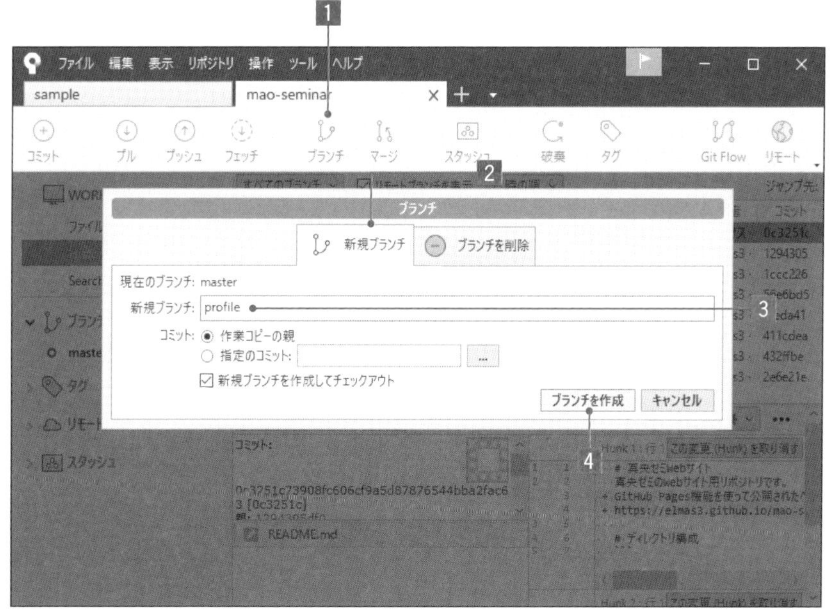

❷ 左サイドバーに、profileブランチが追加されたことが確認できます(1)。

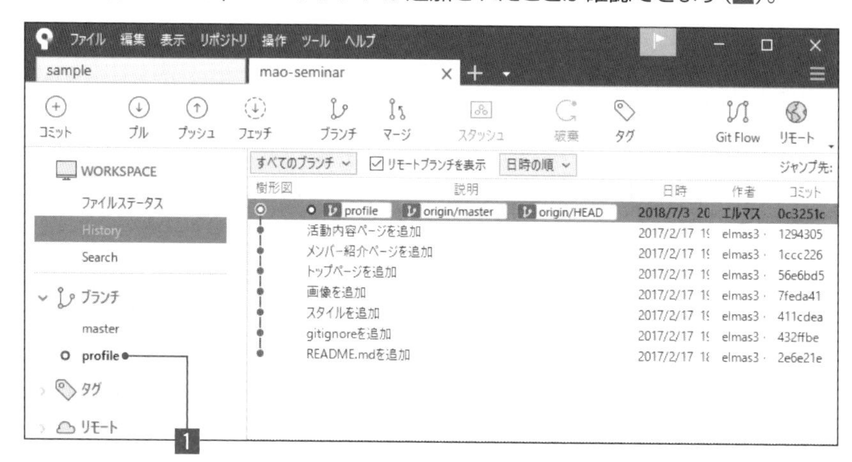

左サイドバーの「profile」が太字になっているな。つまり、今はprofileブランチにチェックアウトしているということだ。

❸ それでは、profileブランチでmember.htmlを編集していきましょう。まず、member.htmlをブラウザで開いて表示を確認してみましょう(リポジトリ内のファイルを確認する方法は112ページ参照)。わかばちゃんのプロフィール文がありませんね。今からここに文章を追加します。

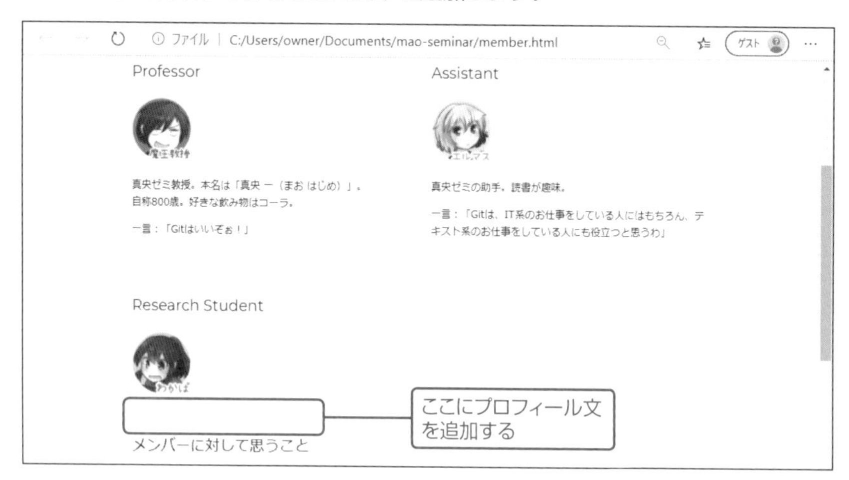

HTMLファイルをブラウザで開く方法は知ってるよ! ○○.htmlっていうファイルを、ChromeやFirefoxにドラッグ&ドロップすればいいんだよね。

❹ member.htmlをお好みのエディタで開き、次の1行を追加しましょう。

```
C:/Users/cam51/OneDrive/ドキュメント/mao-seminar/member.html (Getting Started) - Brackets
ファイル 編集 検索 表示 ナビゲート デバッグ ヘルプ

12 <body>
13   <header>
14     <nav>
15       <ul>
16         <li><a href="index.html">TOP</a></li>
17         <li><a href="member.html">MEMBER</a></li>
18         <li><a href="works.html">WORKS</a></li>
19       </ul>
20     </nav>
21     <h1>MEMBER</h1>
22     <p>真央ゼミのメンバー</p>
23   </header>
24
25   <main>
~
36         <img src="images/icon_elmas.jpg" alt="エルマス">
37         <p>真央ゼミの助手。読書が趣味。</p>
38         <p>一言：「Gitは、IT系のお仕事をしている人にはもちろん、テキスト系のお仕事をしている人にも役立つと思
39       </div>
40     </div>
41     <div class="row">
42       <div class="col harf">
43         <h2>Research Student</h2>
44         <img src="images/icon_wakaba.jpg" alt="わかば">   ← ここに追加する
45       </div>
46     </div>
47
48     <div class="row">
49       <h2>メンバーに対して思うこと</h2>
50       <table>
```

```
～ 略 ～
<img src="images/icon_wakaba.jpg" alt="わかば">
<p>新入生。Webデザイナーになるのが夢。</p>   ← この1行を追加する
～ 略 ～
```

❺ 編集したら、保存します。

❻ ブラウザで見ると、追加されたわかばちゃんのプロフィールが確認できます。

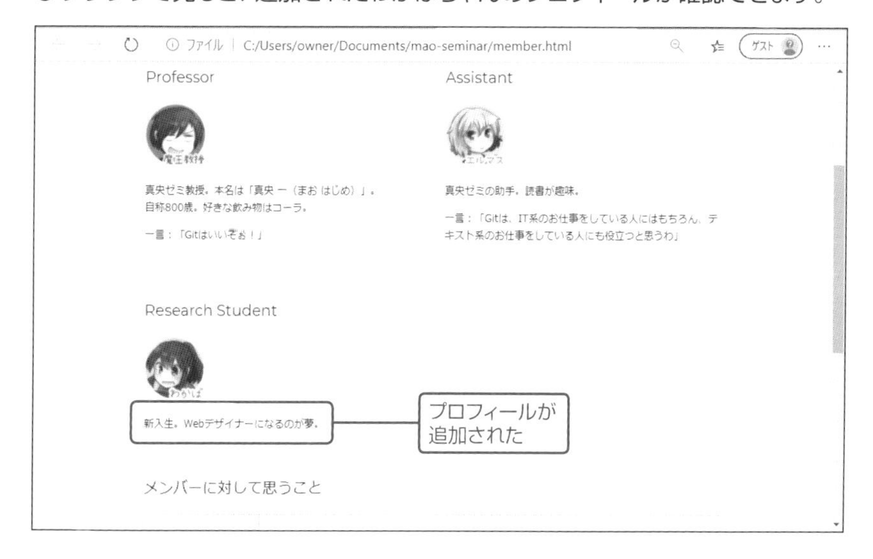

❼ SourceTreeに戻り、ステージ → コミットします。コミットメッセージ(1)は「わかばのプロフィールを追加」とします。

❽ profileブランチでコミットが作られました! 左メニューから「History(履歴)」(1)をクリックしてコミットログを見てみましょう。masterブランチより1コミット分だけ進んでいるのが見てとれます(2)。

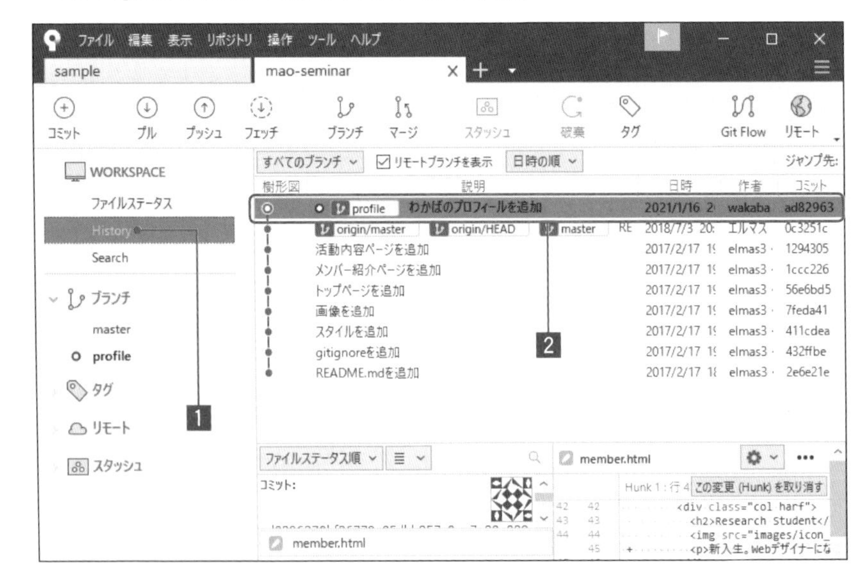

実践：masterブランチに移動してみよう

profileブランチからmasterブランチに移動してみましょう。masterブランチは、先ほどの編集の影響を受けていないはずです。

❶ masterブランチに移動したいので、左サイドバーの「master」(1)をダブルクリックします。

❷ masterブランチに移動(チェックアウト)できました(1)。

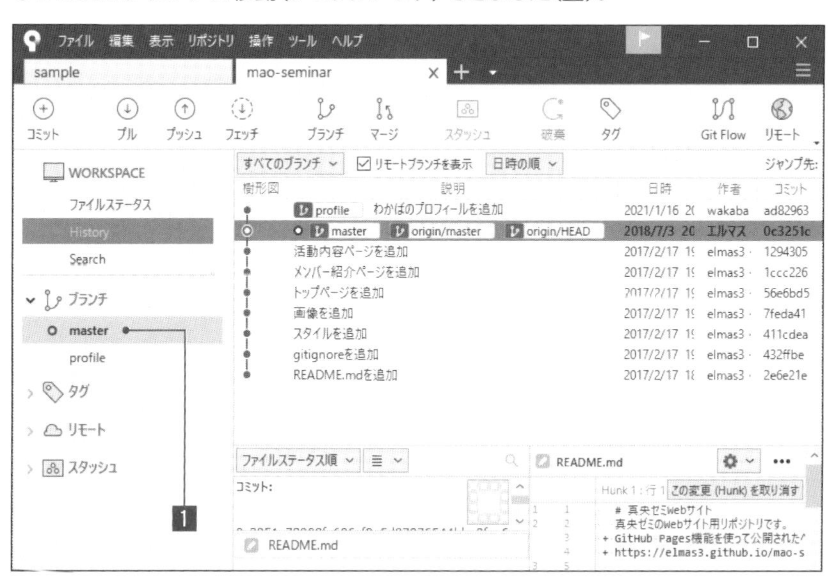

❸ member.htmlををブラウザで開いて、更新します。先ほどの編集が影響していないことを確認してみましょう。素晴らしい！ masterブランチは、profileブランチでの編集の影響を受けていません！

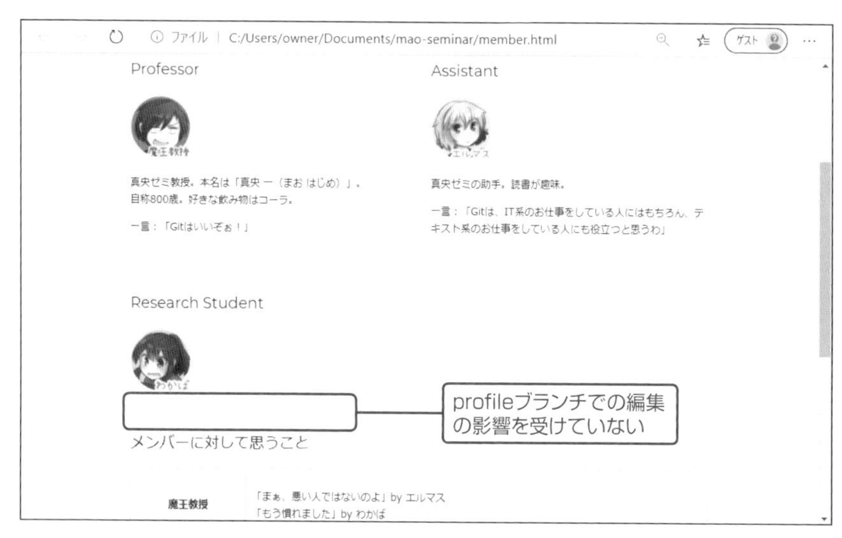

適宜ブランチを作ることで、本流のブランチに影響を与える不安がなく、安心して開発を進めることができるんだね。

◆コマンドで操作する場合

本節の操作を行うコマンドは次のとおりです。

```
$ git branch ← 存在するブランチを一覧表示する

$ git branch ブランチ名 ← 現在のブランチを元に新規ブランチを作成する

$ git checkout ブランチ名 ← 指定したブランチに移動する
```

今回の例だと `$ git branch profile` してから `$ git checkout profile` することになります。この2つの操作は一緒に行われることが多いので、便利なオプション「-b」が用意されています。

```
$ git checkout -b ブランチ名
```

このコマンドだけで「新規ブランチ作成+そのブランチに移動」をまとめて行えます。

今回の流れをすべてコマンドでやると、次のようになります。

```
$ git checkout -b profile ← profileブランチを新規作成して、
                            profileブランチに移動する

$ git add member.html ← member.htmlをステージする

$ git commit -m "わかばのプロフィールを追加" ← コミットメッセージを添えて
                                              コミットする

$ git checkout master ← masterブランチに移動する
```

まとめ

- ブランチとは、ポインタである
- ポインタとは、簡単に言うと「☜今ココ!」である
- ブランチを移動するときは、チェックアウトを使う

ブランチを統合してみよう（マージ）

わーい
ブランチ
ブランチー
む!?
これ元のブランチに
合流させたいときは
どうするんだ…!?
広げっぱなし

そんなときは
マージだ
例にもよって
寿司で
説明しよう

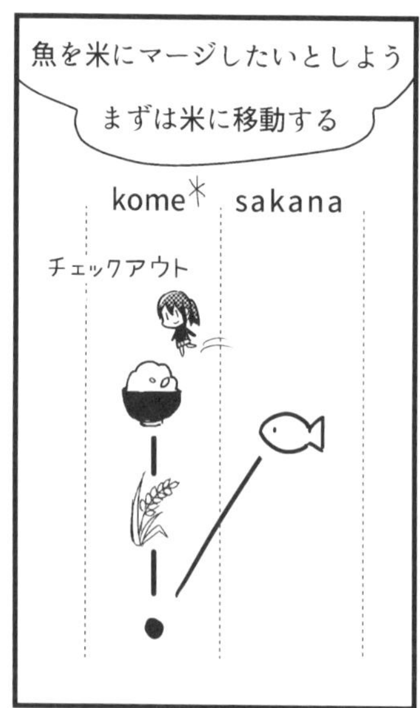

魚を米にマージしたいとしよう
まずは米に移動する
kome
sakana
チェックアウト

そして、魚を選んでマージすると…
kome
sakana
マージ
sakanaブランチを
取り込み！
合流して
お寿司ができた！

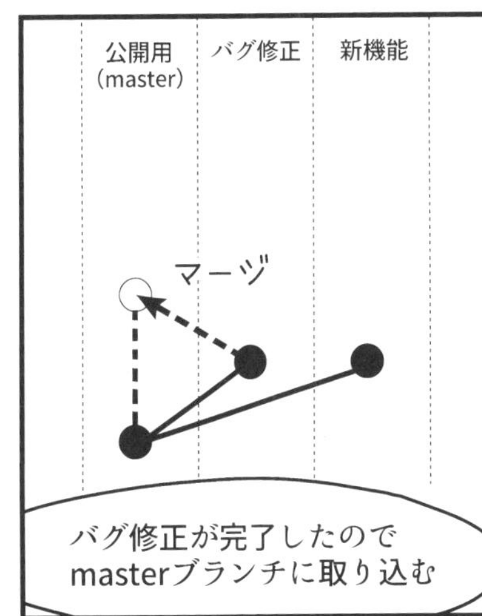

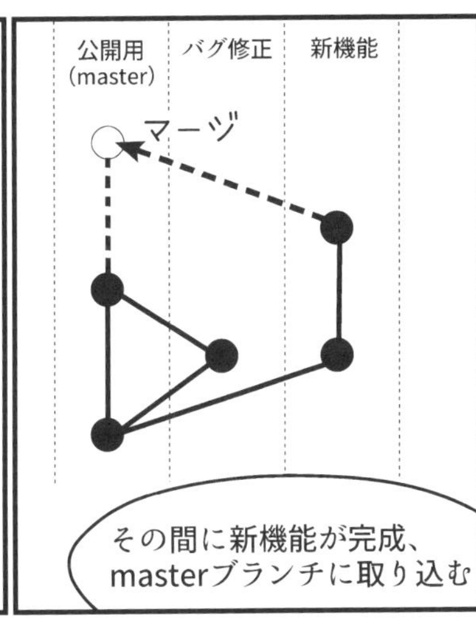

さっき編集してくれたソースコードは、問題ないみたいね。では、公開用のmasterブランチにマージしましょう。

実践：マージしてみよう

マージは次の手順で行います。

❶ masterブランチにチェックアウトしている状態で、マージしたいブランチ(今回はprofileブランチ)を右クリックし、[現在のブランチにprofileをマージ](1)を選択します。

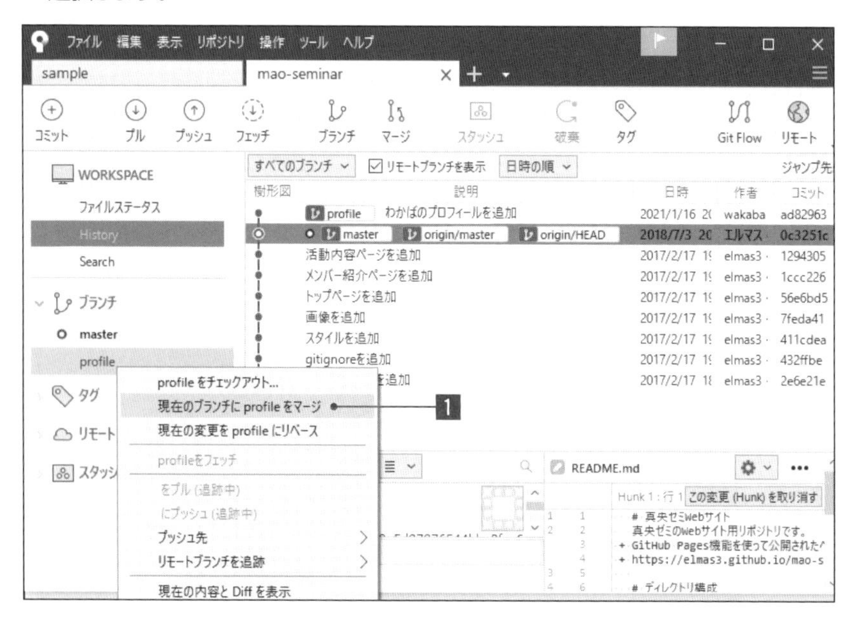

❷ 確認のダイアログが表示されるので[OK]ボタン(1)をクリックします。

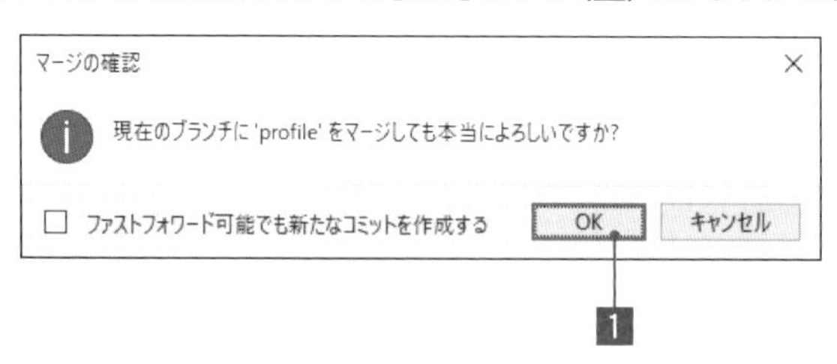

❸ マージされました! masterブランチにprofileブランチの変更が取り込まれたのです。

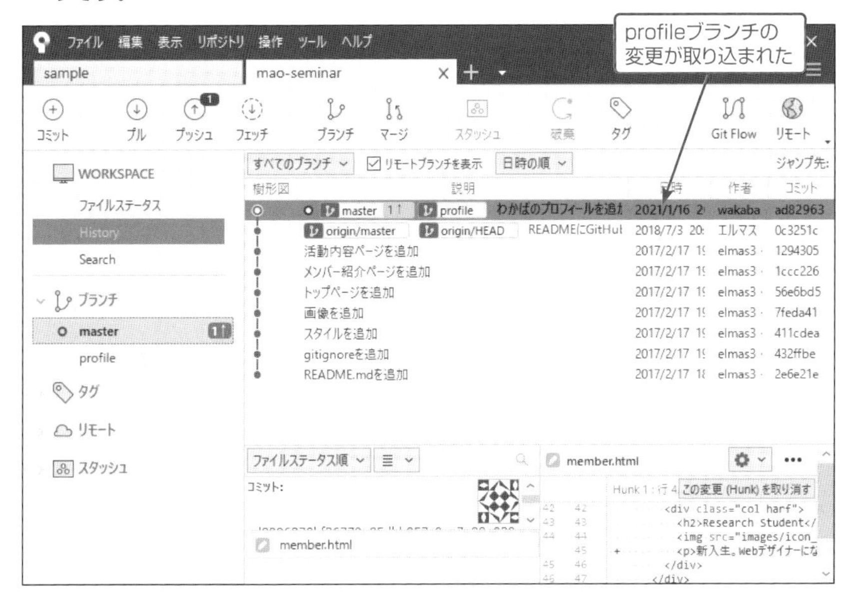

❹ 本当にマージされたか確認してみましょう。member.htmlをブラウザで表示してみましょう。おめでとうございます! 見事、profileブランチでの変更が、masterブランチに取り込まれました。

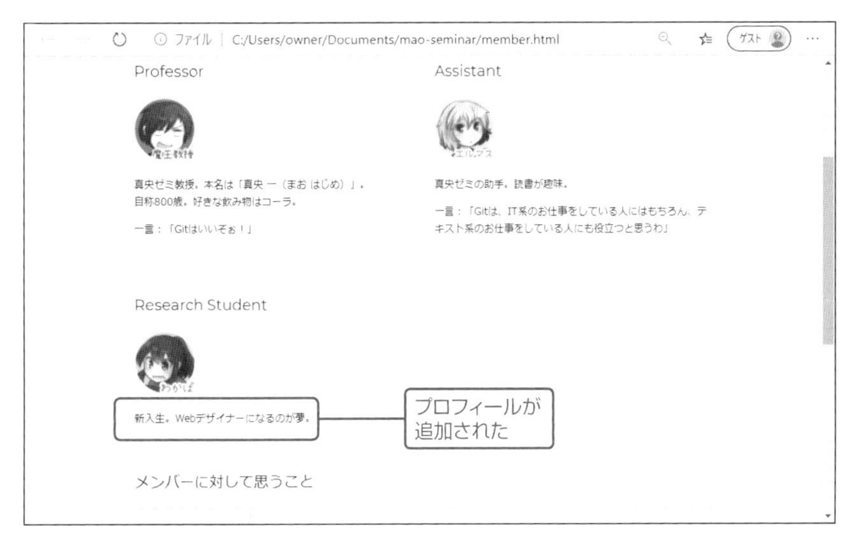

◆コマンドで操作する場合

本節の操作を行うコマンドは次のとおりです。

```
$ git checkout ブランチA ← まずはマージコミットを作りたいブランチAに移動する

$ git merge ブランチB ← マージしたいブランチBを指定してマージする
```

今回の例だと `$ git checkout master` してから `$ git merge profile` という順に実行することになります。

まとめ

- マージは、ブランチを統合することができる

SECTION 12 プッシュしよう

よ〜し
編集して
コミットしたぞ

ん？
このコミットを
リモートリポジトリに
反映するには
どうしたらいいんだ？

そんなときは
push
バババッ
pushの構え

ローカルリポジトリで起きた変更を、リモートリポジトリに反映したい

GitHubを開いてリモートリポジトリの様子を見てみましょう。

URL https://github.com/自分のアカウント名/mao-seminar/

リポジトリのトップページからmember.htmlをクリックすると、ソースコードが見られます。

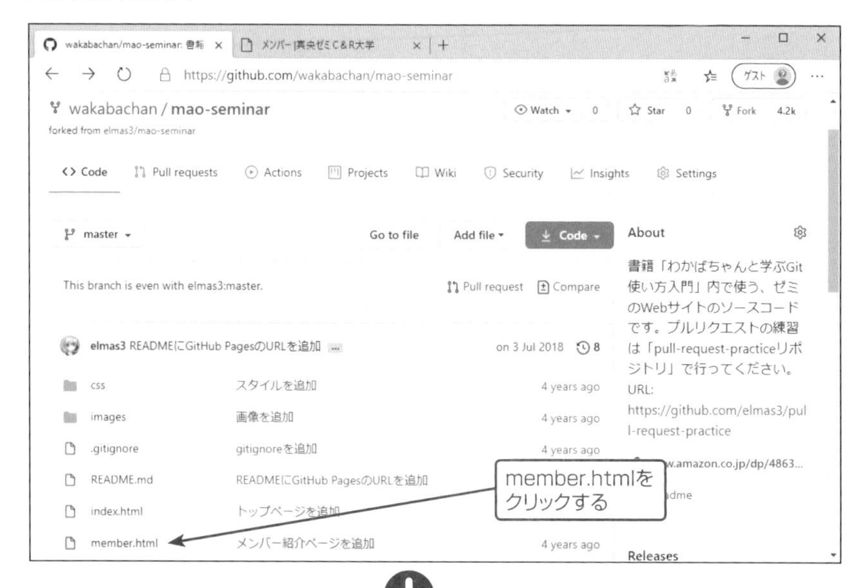

あれ!?　編集した箇所が、GitHub上に反映されてないや。

そりゃ、まだ**プッシュ**（push）をしていないからだな。

リモートリポジトリにデータを「押す=push」ね。アップロードに近いイメージよ。

実践：プッシュしてみよう

プッシュは次の手順で行います。

❶ SourceTreeの「プッシュ」アイコン(1)をクリックします。

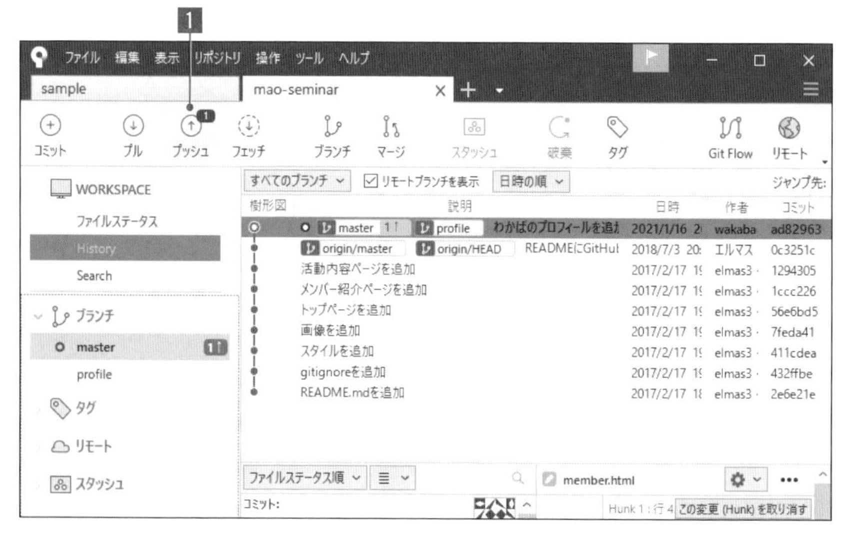

「1コミット先行」という表示は、「リモートリポジトリよりもローカルリポジトリのほうが1コミット分先に進んでいるよ」という意味よ。

❷ プッシュしたいブランチをONにして［プッシュ］ボタンをクリックします。今回の場合は「master」(1)をONにして［プッシュ］ボタン(2)をクリックします。

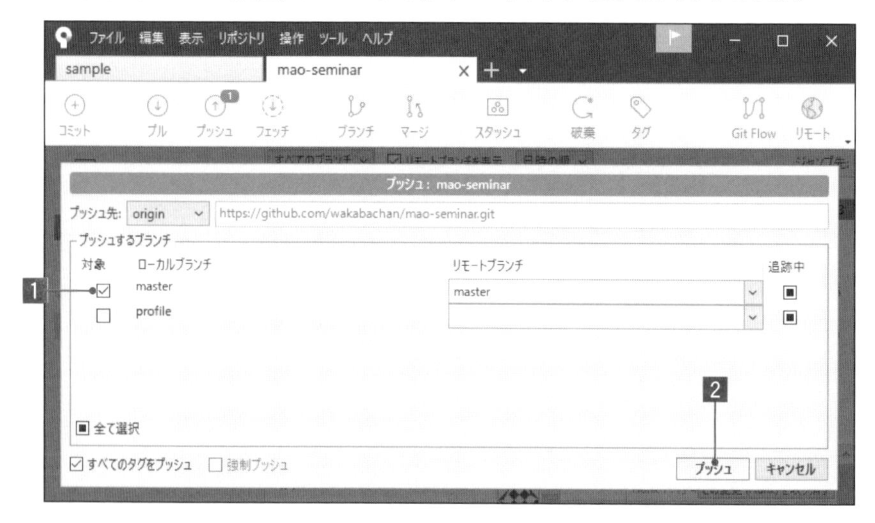

❸ GitHubのユーザー名とパスワードを求められることがあります。ユーザー名(1)とパスワード(2)を入力し、[Login]ボタン(3)をクリックして続けましょう。

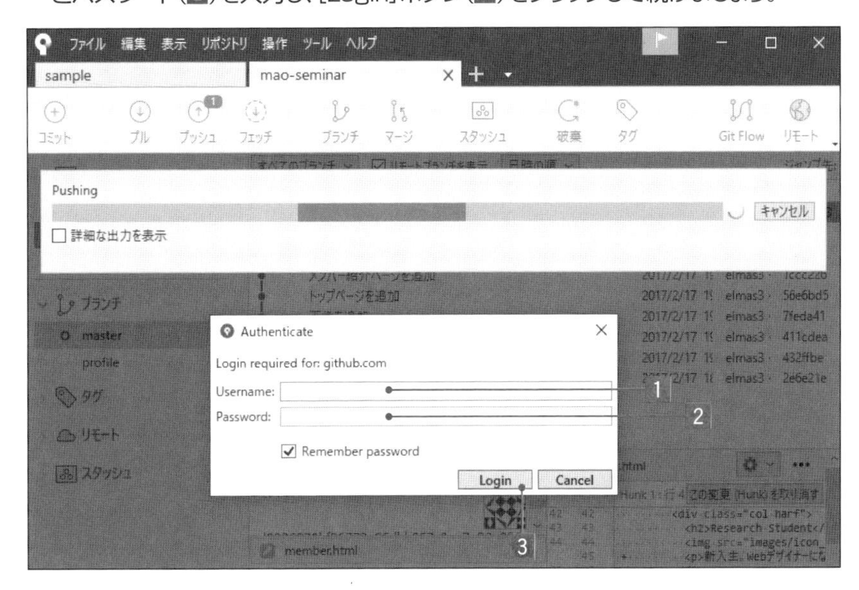

❹ プッシュが完了したら、ブラウザで開いているGitHubのページを更新してみましょう。

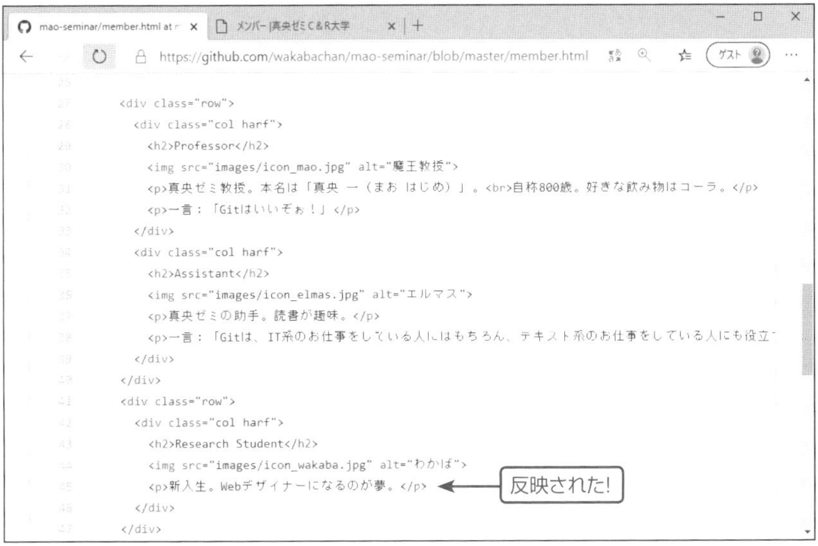

```
mao-seminar/member.html at m   メンバー | 真央ゼミ C&R大学
https://github.com/wakabachan/mao-seminar/blob/master/member.html

      <div class="row">
        <div class="col harf">
          <h2>Professor</h2>
          <img src="images/icon_mao.jpg" alt="魔王教授">
          <p>真央ゼミ教授。本名は「真央 一（まお はじめ）」。<br>自称800歳。好きな飲み物はコーラ。</p>
          <p>一言：「Gitはいいぞぉ！」</p>
        </div>
        <div class="col harf">
          <h2>Assistant</h2>
          <img src="images/icon_elmas.jpg" alt="エルマス">
          <p>真央ゼミの助手。読書が趣味。</p>
          <p>一言：「Gitは、IT系のお仕事をしている人にはもちろん、テキスト系のお仕事をしている人にも役立
        </div>
      </div>
      <div class="row">
        <div class="col harf">
          <h2>Research Student</h2>
          <img src="images/icon_wakaba.jpg" alt="わかば">
          <p>新入生。Webデザイナーになるのが夢。</p>   ← 反映された!
        </div>
      </div>
```

やったー！　私の変更が、リモートリポジトリに反映されたよ！

◆ コマンドで操作する場合

本節の操作を行うコマンドは次のとおりです。

```
$ git push リモートリポジトリ名 ブランチ名 ← ローカルリポジトリで行った変更を、
                                           リモートリポジトリにプッシュする
```

今回の例だと `$ git push origin master` となります。

リモートリポジトリ名がなぜ `origin` という名前になっているのか気になった方は、「SECTION 21　プルは実際には何をやっているの?」(206ページ)を読んでみましょう。

まとめ

- アップロードしたいとき → プッシュ

プルしよう

わかばちゃん、私の方で
追加編集して
pushしておいたわよ
は〜い
ありがと〜
エルマスさん

ん？
待てよ
どうやったら
エルマスさんのコミットを
取り込めるんだ・・・

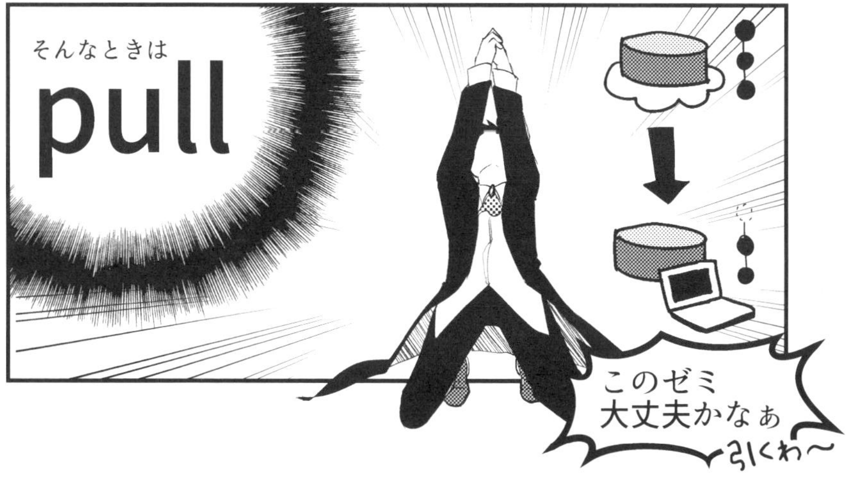

そんなときは
pull
このゼミ
大丈夫かなぁ
引くわ〜

リモートリポジトリで起きた変更を、ローカルリポジトリに反映したい

エルマスさんが、さらにプロフィールに編集を加えて、リモートリポジトリにプッシュしてくれました。

そんなときに使うのが**プル**（pull）だ。

リモートリポジトリからデータを「引っ張ってくる＝pull」ね。ダウンロードに近いイメージよ。

実践：プルしてみよう

プルは次の手順で行います。

◆ GitHub上で直接、コミットを作る

まず、エルマスさんがコミットしたと想定して、GitHub上で直接コミットを作りましょう。

❶「(自分のアカウント名)/mao-seminar」のトップページ(https://github.com/自分のアカウント名/mao-seminar/)(1)を開き、README.md(2)をクリックします。

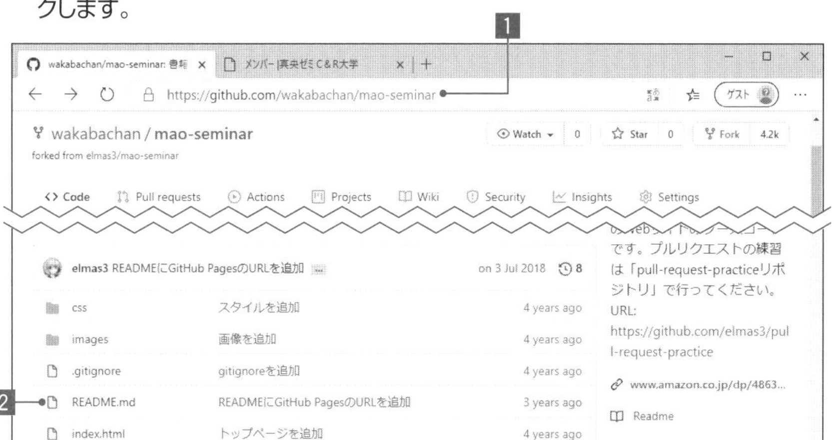

❷ エンピツ型のアイコン(1)をクリックし、編集に入ります。

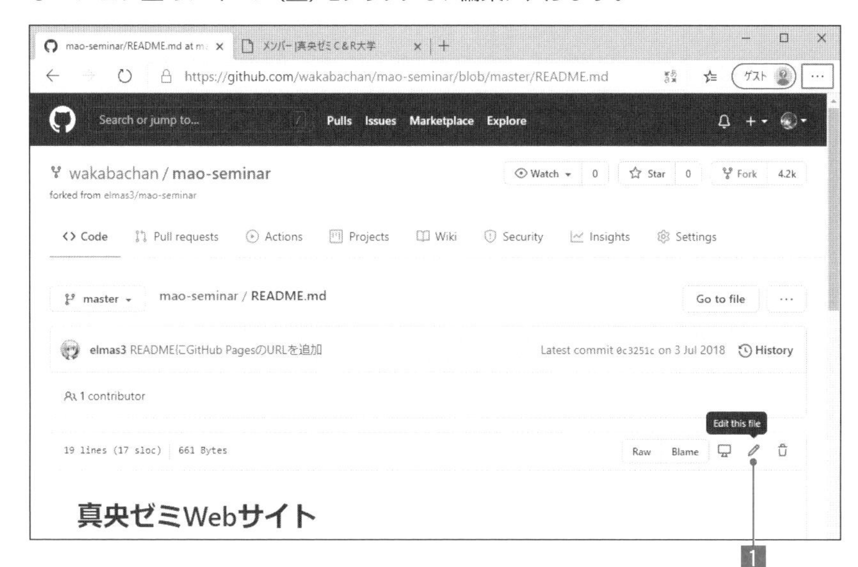

❸ README.mdに直接、メンバーを書き込みます（■1）。

❹ ページの下へスクロールすると、コミットメッセージを書き込める欄（■1）があります。次のようにコミットメッセージを入力したら、[Commit changes] ボタン（■2）をクリックします。これでGitHub上でのコミットは完了です。

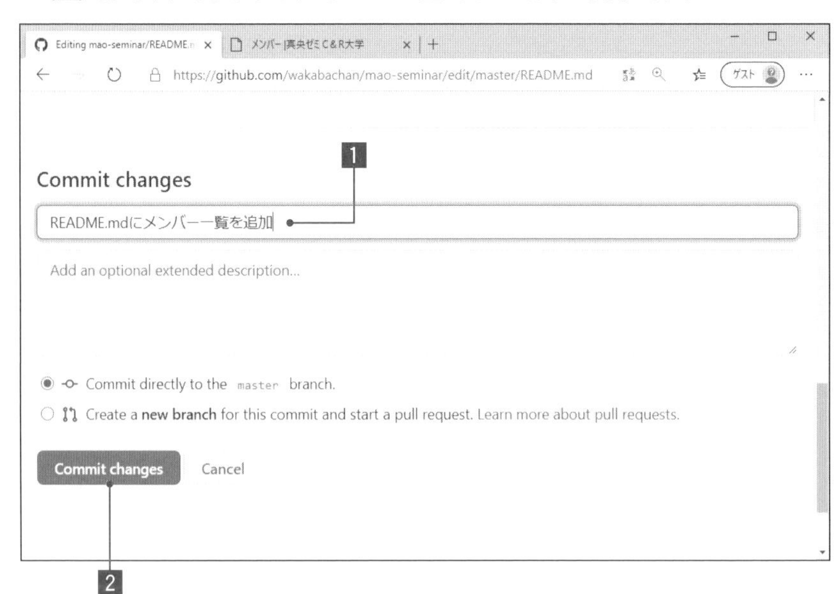

今は次のような状態です。

▼リモートリポジトリの状態

▼ローカルリポジトリの状態

今の時点では、「README.mdにメンバー一覧を追加」したコミットが、ローカルリポジトリにはないわね。

そうだ。リモートリポジトリの方が1コミット先行している状態だな。

◆ローカルリポジトリへのダウンロード

リモートリポジトリ上のコミットを、ローカルリポジトリにダウンロードしてきましょう。

❶今回は、masterブランチ上の変更をプルしてきたいので、左サイドバーの「master」(1)をダブルクリックし、ローカルリポジトリのmasterブランチにチェックアウトします。

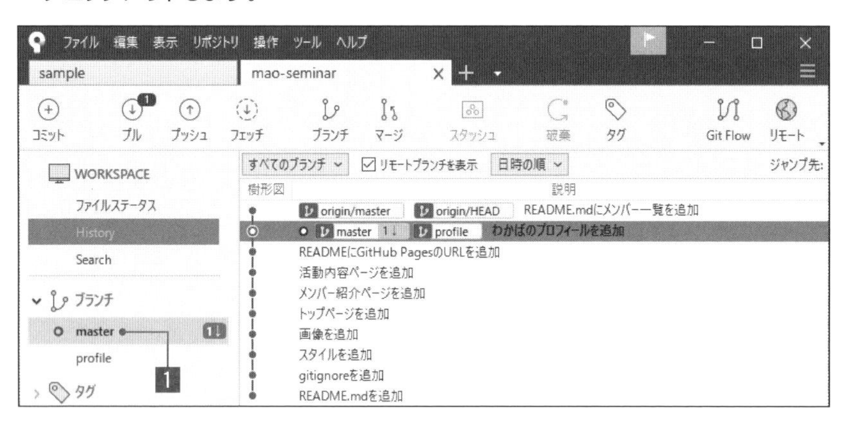

❷SourceTreeの画面上部の「プル」アイコン(1)をクリックし、masterからmasterへプルする設定([プルするリモートブランチ]と[次のブランチにプル]の両方が「master」)になっているのを確認(2)して、[プル]ボタン(3)をクリックします。

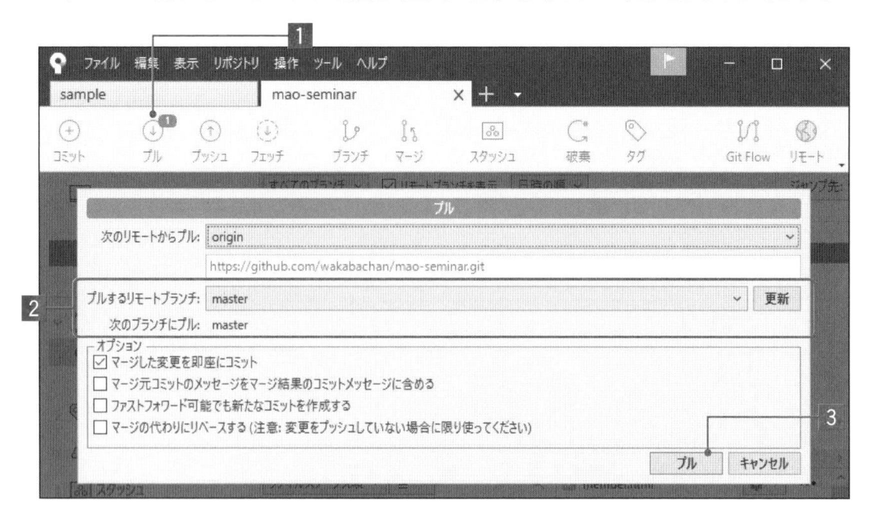

プルするときは、同じブランチ名にプルしてくれたまえ。違うブランチ名にプルしてしまうと、チグハグになってしまうぞ。

❸ おめでとうございます！　リモートリポジトリ上のコミットが、ローカルリポジトリにも反映されました！

▼プルによってリモートリポジトリの状態がローカルリポジトリに反映された

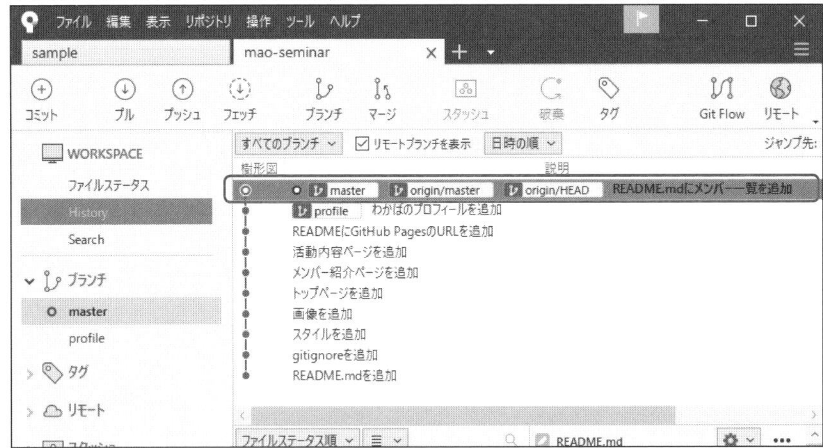

リモートリポジトリとローカルリポジトリの状態が揃った！

これで、わかばちゃんも複数人での共同作業ができるようになったわね。

◆ コマンドで操作する場合

本節の操作を行うコマンドは次のとおりです。

```
$ git checkout ブランチ名 ← まずは、プルしてきたいブランチに
                           チェックアウトする

$ git pull リモートリポジトリ名 ブランチ名 ← リモートリポジトリ上の
                                          コミットを、ローカルリポジトリ
                                          の現在のブランチに取り込む
```

今回の例だと `$ git checkout master` してから `$ git pull origin master` となります。

まとめ

- ダウンロードしてローカルリポジトリに反映したいとき　→　プル

SECTION 14 コンフリクトが起きたら？

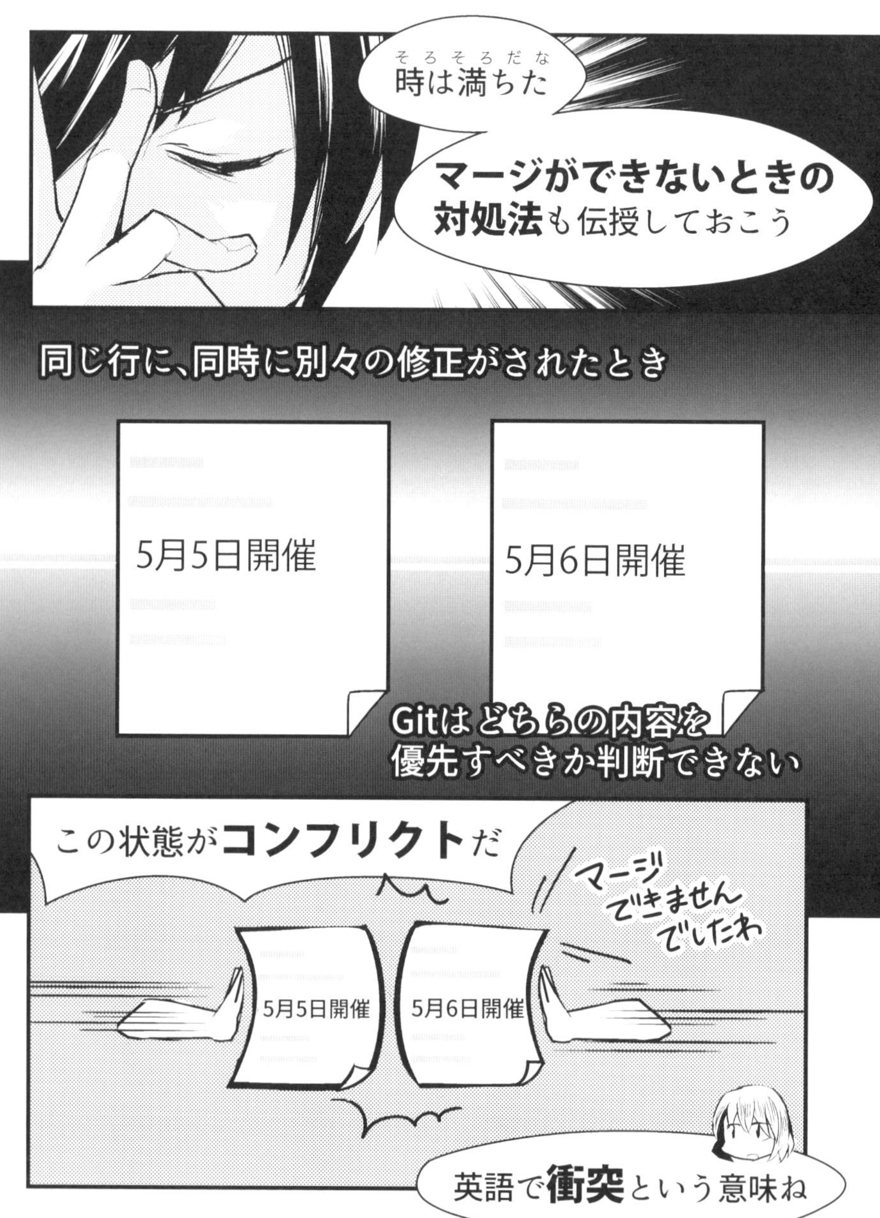

Gitが
コンフリクトした行に
印をつけてくれるから

```
<<<<<<<< HEAD
5月6日開催
========
5月5日開催
>>>>>>>> update-news
```

修正して
コミットしなおすだけよ

試しに
わざと、コンフリクト
させてみる?

コンフリクトとは

コンフリクトは、同じ行に、同時に別々の修正がなされたときに発生します。

そのままマージされるケース

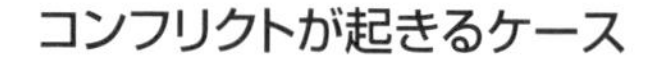

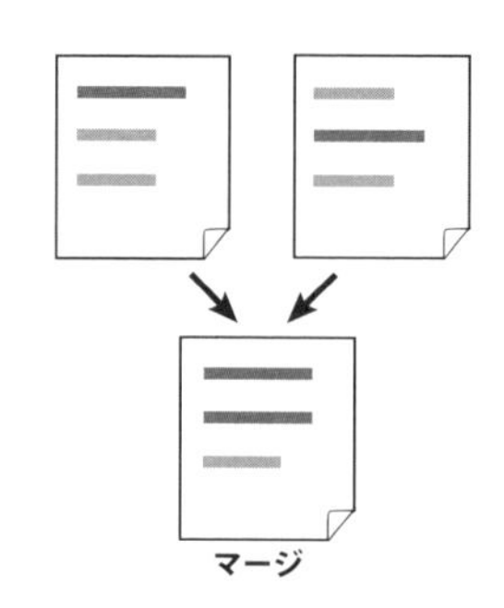

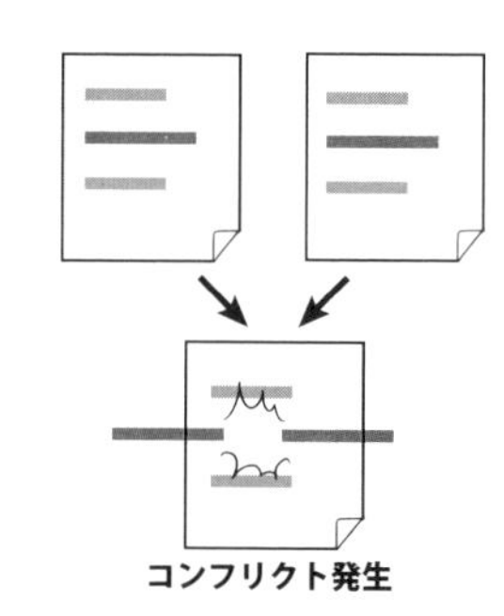

同じファイルでも、行が違えば、コンフリクトは起きずにそのままマージされるわ。

実践：わざとコンフリクトさせてみよう

masterブランチに別の人が修正を加えていたとして、その修正と自分の修正がバッティングしてしまったという想定でやってみましょう。

◆ update-newsブランチ上で操作

まず、新規にブランチを作成し、そこで操作してみましょう。

❶「ブランチ」アイコン(1)をクリックして新規ブランチを作成します。ブランチの名前は「update-news」(2)にします。

❷ update-newsブランチにチェックアウトした状態になります。この状態で、エディタでindex.htmlを開き、「開催日未定」と書いてある部分を「5月5日開催」に修正しましょう（**1**）。

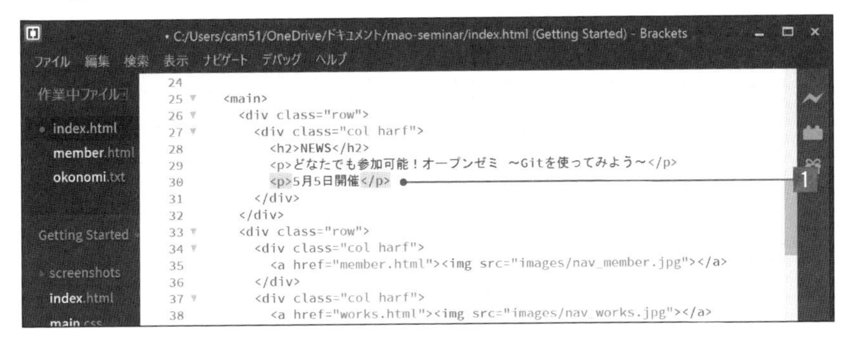

▼元々のソースコード

```
<p>開催日未定</p>
```

▼修正後のソースコード

```
<p>5月5日開催</p>
```

❸ 修正が終わったらファイルを保存して閉じ、ステージ → コミットしましょう（55ページ参照）。

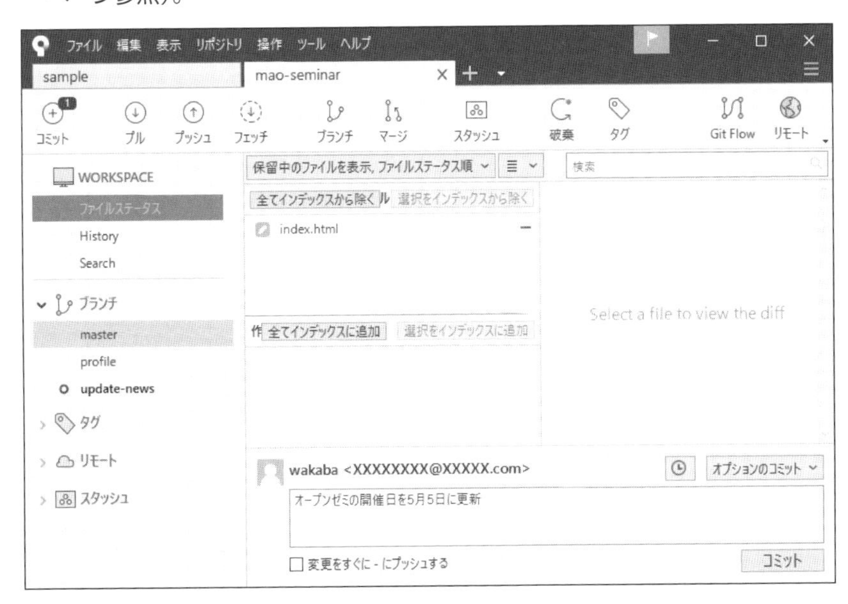

◆ masterブランチ上で操作

同タイミングで他の人がmasterブランチのコミットを進めていたという想定で、新しく別のコミットを作りたいと思います。

❶ 左サイドバーの「master」(1)をダブルクリックし、masterブランチにチェックアウトしましょう(123ページ参照)。

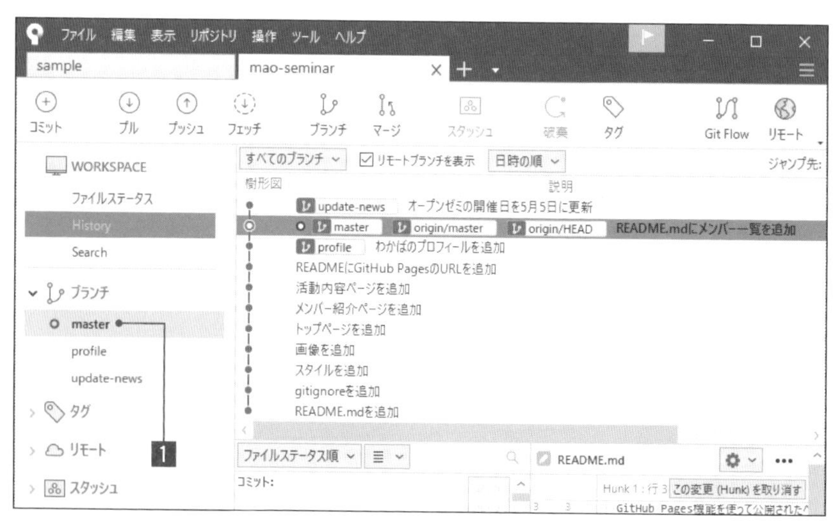

❷ masterブランチでは「開催日未定」を「5月6日開催」に修正しましょう(1)。

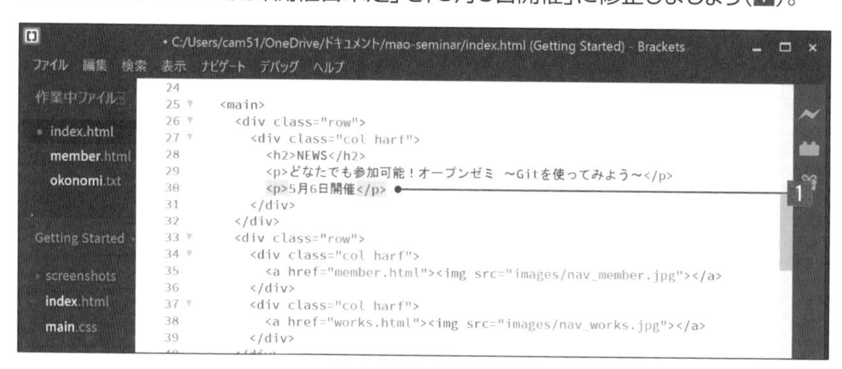

▼元々のソースコード

```
<p>開催日未定</p>
```

▼修正後のソースコード

```
<p>5月6日開催</p>
```

❸ 修正が終わったらファイルを保存して閉じ、ステージ → コミットしてください。

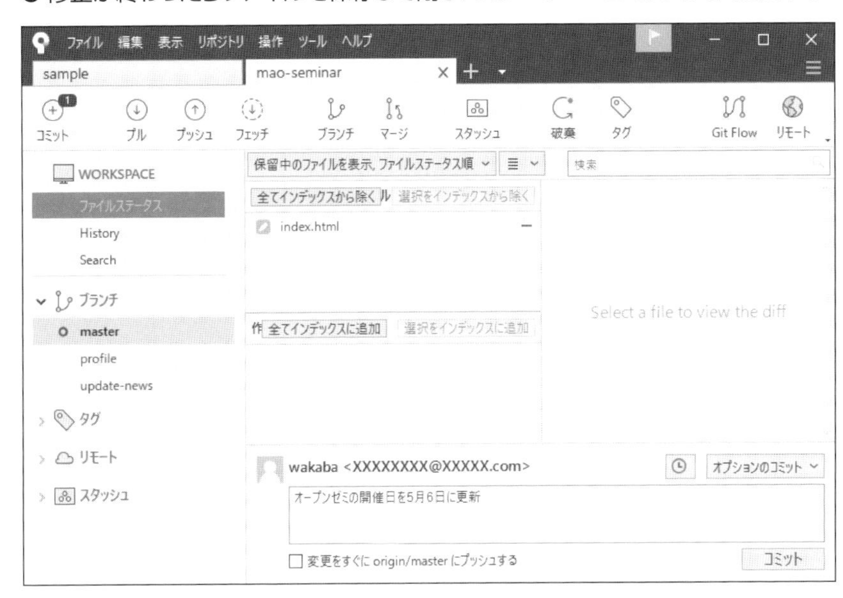

❹ ここまでやると、次のようにブランチが二股に分かれている状態になっているはずです。

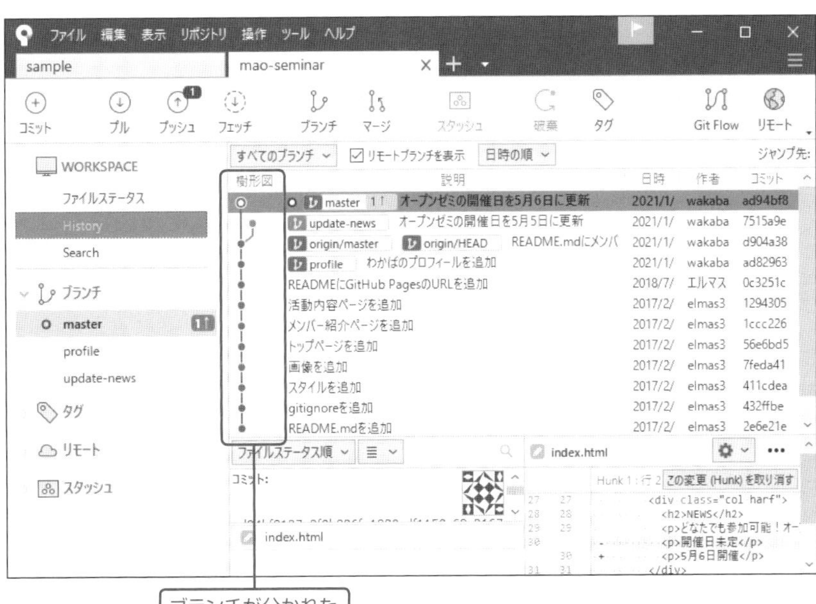

◆ マージ

ここまでできたら、masterブランチにupdate-newsをマージしてみましょう。

❶ masterブランチにupdate-newsブランチを取り込みたいので、masterブランチにチェックアウトしていることを確認します(**1**)。

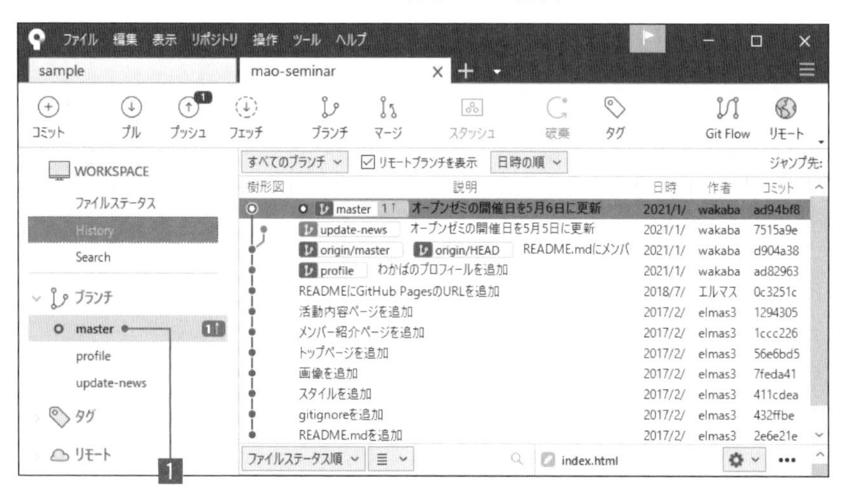

❷ いよいよマージしてみましょう。マージされるブランチ(今回はupdate-news)を右クリックし、[現在のブランチにupdate-newsをマージ](**1**)を選択します。

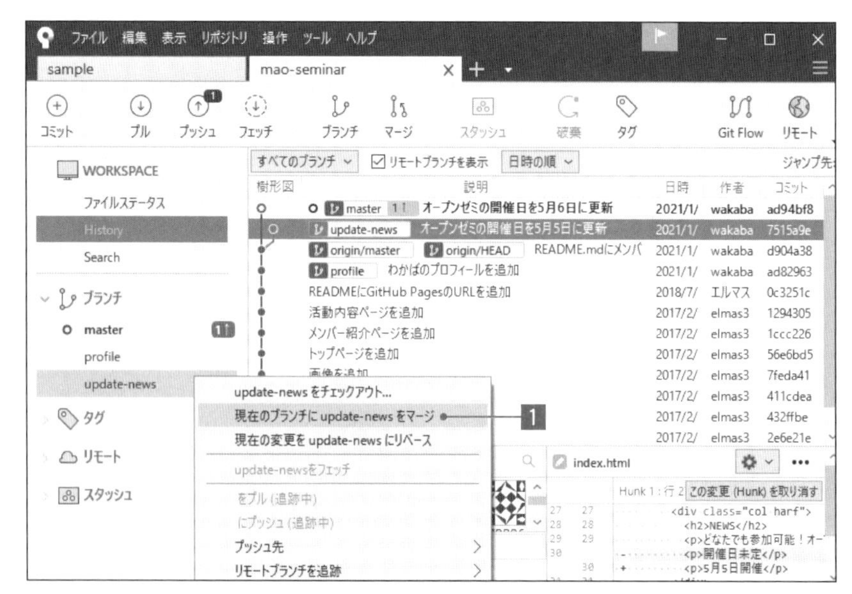

❸ コンフリクト発生です!

▼Windowsの場合の表示([閉じる(C)]ボタンをクリック)

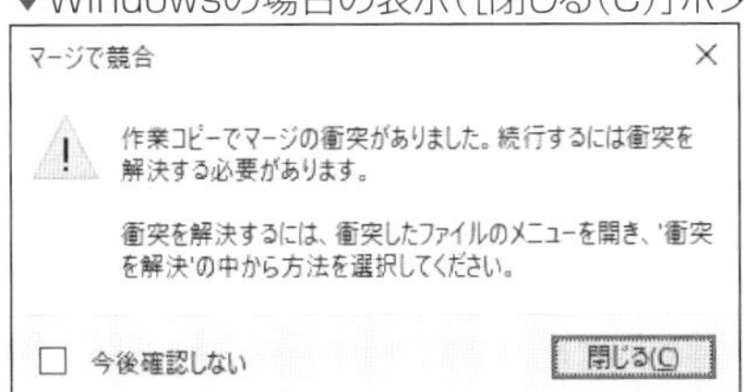

※Macでは、このポップアップ画面は表示されず、そのまま次の画面へ遷移します。

◆ コンフリクトの解決

コンフリクトを解決してみましょう。

❶ コンフリクトが発生したファイルが「!」マークで表示されています。

❷ index.htmlをエディタで開くと、次のような目印が、直接、テキストに入っているはずです。これらの記号はただの目印なので、不要です。正しいソースコードだけ残して、不要な記号は消してしまいましょう。

```
<<<<<<< HEAD
<p>5月6日開催</p>
=======
<p>5月5日開催</p>
>>>>>>> update-news
```

エルマスさんに聞いてみたら、正しい開催日は5月6日だったみたい。「5月6日開催」を採用しよう。

▼修正後のソースコード

```
<p>5月6日開催</p>
```

▼修正前

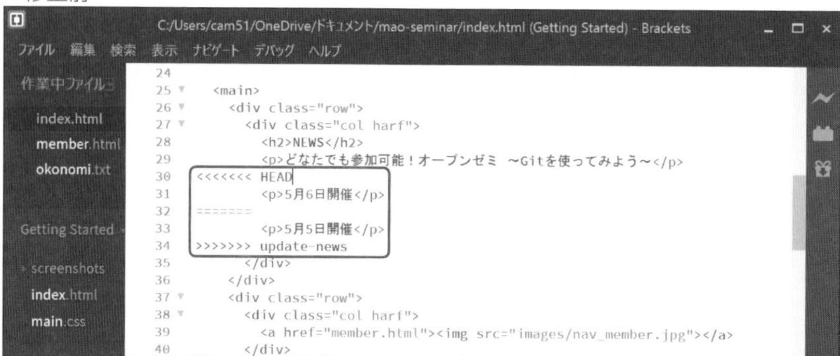

▼修正後

```
• C:/Users/cam51/OneDrive/ドキュメント/mao-seminar/index.html (Getting Started) - Brackets
ファイル 編集 検索 表示 ナビゲート デバッグ ヘルプ
作業中ファイル
• index.html
× member.html
okonomi.txt
Getting Started
screenshots
index.html
main.css
24
25     <main>
26       <div class="row">
27         <div class="col harf">
28           <h2>NEWS</h2>
29           <p>どなたでも参加可能！オープンゼミ ~Gitを使ってみよう~</p>
30           <p>5月6日開催</p>
31         </div>
32       </div>
33       <div class="row">
34         <div class="col harf">
35           <a href="member.html"><img src="images/nav_member.jpg"></a>
36         </div>
37         <div class="col harf">
38           <a href="works.html"><img src="images/nav_works.jpg"></a>
39         </div>
40       </div>
```

❸ 修正が終わったら、ファイルを保存して閉じます。

❹ index.htmlをステージし、コミットします。コミットメッセージが自動で作成されますが、必要に応じて詳細を書き込んでもよいでしょう。

❺ おめでとうございます! 無事、コンフリクトが解決され、マージコミットが作られました。

わ〜い、できた!　コンフリクト怖くなかった!

◆コマンドで操作する場合

コンフリクトした部分を、エディタで直接編集・保存してから、次のようにします。

```
$ git add ファイル名                    ← 修正したファイルをステージする

$ git commit -m "コミットメッセージ" ← 普通にコミットする
```

コンフリクトの箇所が多すぎて修正が難しい場合、コミット前であれば、次のようにしてマージをキャンセルできます。

```
$ git merge --abort
```

まとめ

- コンフリクトした箇所を、Gitが印をつけて教えてくれる
- エディタで修正してコミットし直す

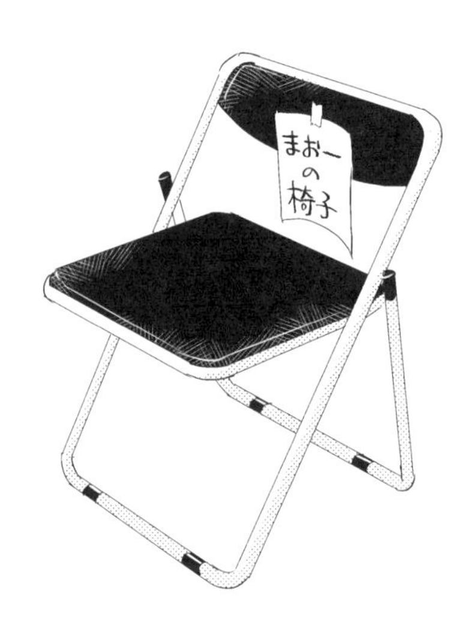

SECTION 15

プルリクエストからマージまで

ここ数日で
だんだん
わかってきたかも

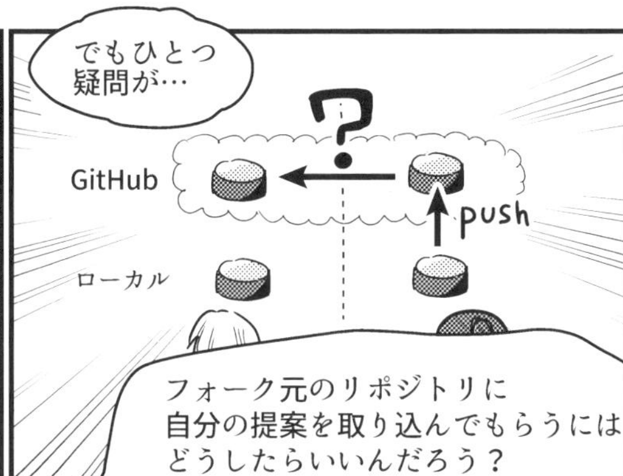

でもひとつ
疑問が…
?
GitHub
push
ローカル
フォーク元のリポジトリに
自分の提案を取り込んでもらうには
どうしたらいいんだろう？

そういうときは
プルリクエストだな
ヒョイ
えぇ〜っ!?
プッシュリクエスト
じゃなくて？
プッシュ
させてー
おお、それは
初めて聞いたぞ…
発想は褒めてやろう

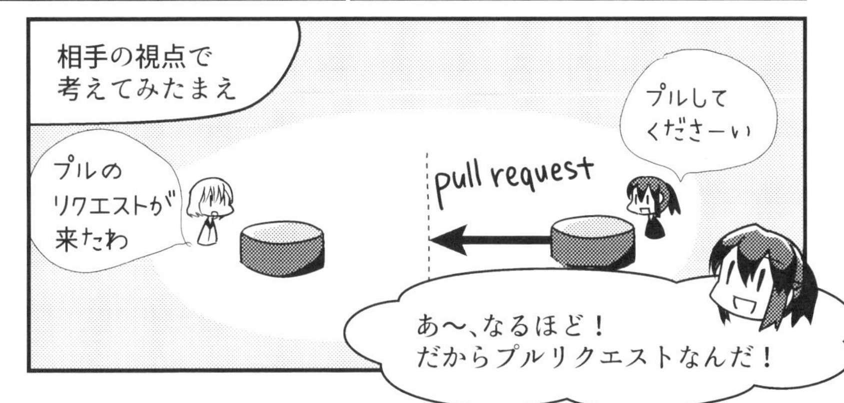

相手の視点で
考えてみたまえ
プルして
くださーい
pull request
プルの
リクエストが
来たわ
あ〜、なるほど！
だからプルリクエストなんだ！

わかば君の
ために
デデドン♪
プルリクエストを思う存分
練習できるリポジトリがあると
いいのだが…
おっ
エルマスさん
からだ
練習用リポジトリ作ったので
自由に使ってください　だって

さすが
我が助手!!
仕事が早い
HA HA HA HA
どうだ
真央ゼミの力を
思い知ったか!!
えっ、なんで!?
テレパシー!?
恥ずかしいから
静かにして
ください!!

ズズ
そろそろ
そんな頃だと思ったわ

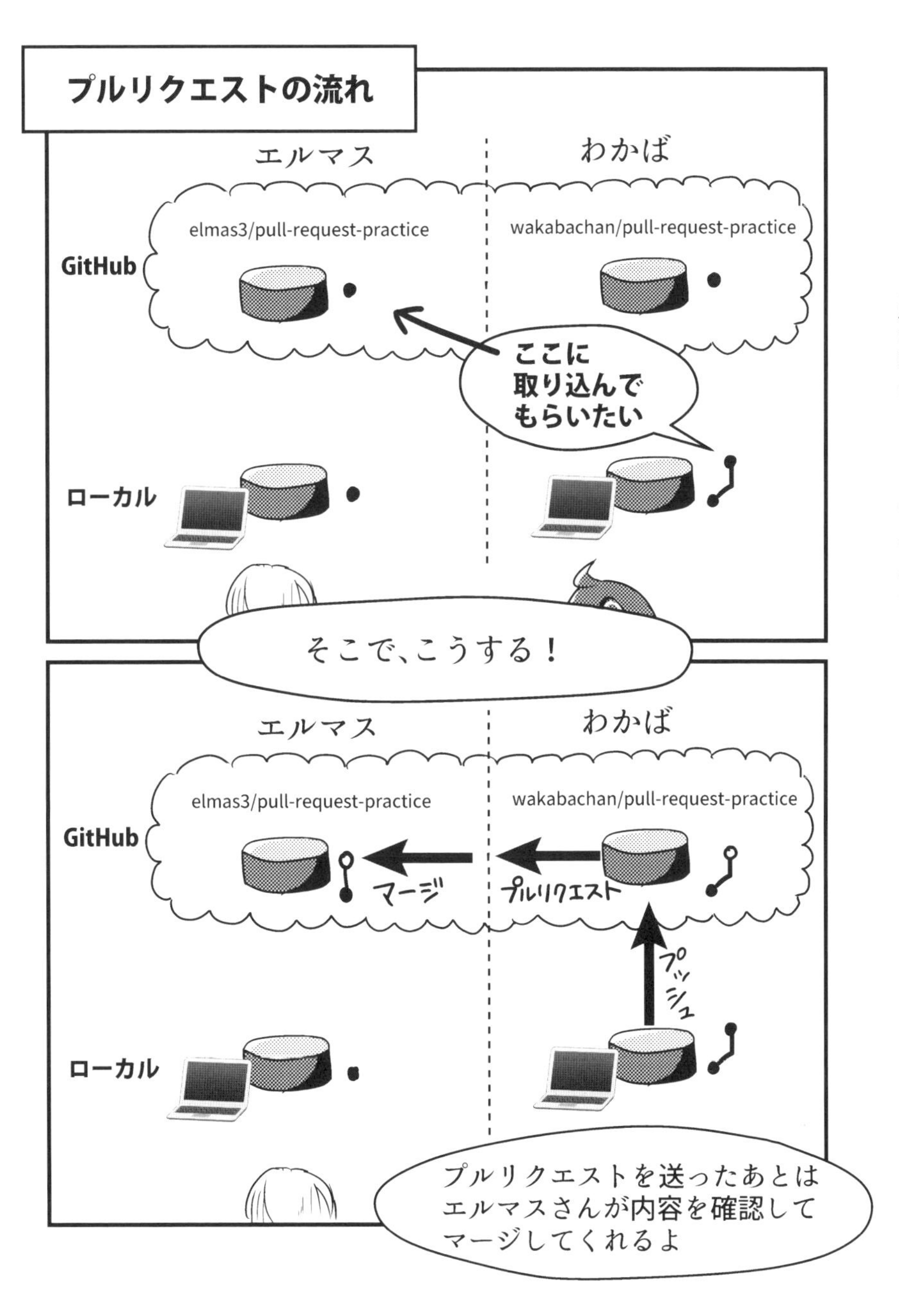
プルリクエストの流れ
エルマス
わかば
elmas3/pull-request-practice
wakabachan/pull-request-practice
GitHub
ここに取り込んでもらいたい
ローカル
そこで、こうする！
エルマス
わかば
elmas3/pull-request-practice
wakabachan/pull-request-practice
GitHub
マージ
プルリクエスト
プッシュ
ローカル
プルリクエストを送ったあとはエルマスさんが内容を確認してマージしてくれるよ

プルリクエストってなに?

プルリクエストとは、簡単にいうと自分がした変更を取り込んでもらうよう、提案することです。プルリクエストのゴールは、本流のブランチにマージされることです。

プルリクエストとコードレビュー

プルリクエストを使うと、何がうれしいのでしょうか? プルリクエストによるコードレビューが「ない場合」と「ある場合」とを比べてみましょう。

▼ △ コードレビューがない場合

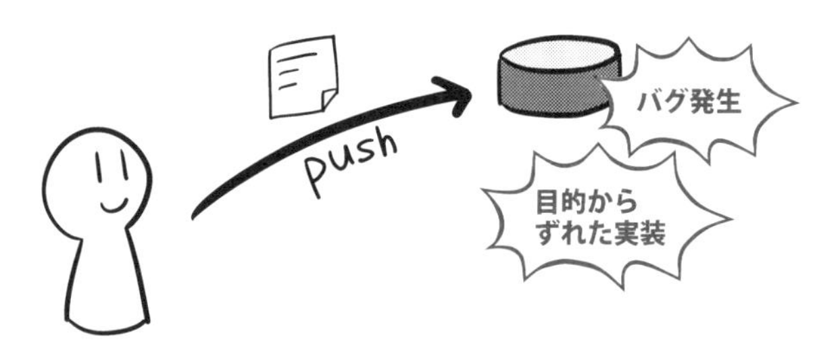

個人が書いたコードが、他のメンバーにチェックされることなく、そのまま本流のブランチに適用されてしまっている状態です。この状態だと、バグや目的からずれた実装を生みがちです。

▼ ○プルリクエストを使ったコードレビューがある場合

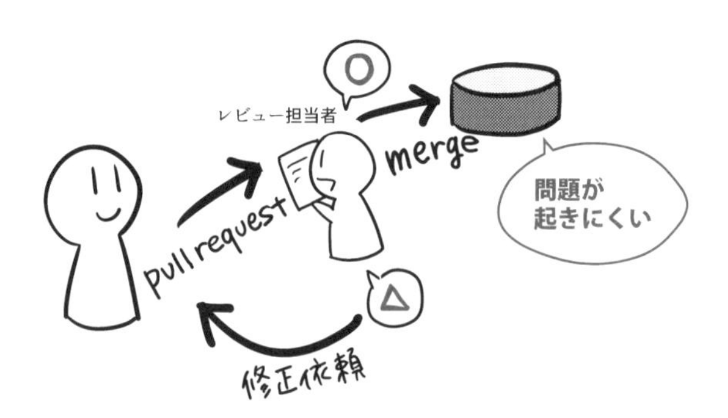

レビュー担当者が、提案されたコードをチェックし、OKが出たコードだけがマージされます。こうすることで、品質の高いコードを保つことができるのです。

実践：プルリクエストからマージまで体験しよう

エルマスさんのGitHubアカウント上に、プルリクエストの練習用リポジトリがあります。これを使って、プルリクエストを送ってマージされるまでを体験してみましょう。

大まかな流れは次の通りです。

❶ フォークする。
❷ クローンする。
❸ 作業用のブランチを作ってコミットする。
❹ プッシュする。
❺ GitHub上でプルリクエストを作成する。
❻ コードがレビューされる（練習用リポジトリではマージされずに自動でクローズされます）。

◆ フォークする

まずはプルリクエストの練習用リポジトリをフォークしましょう。

❶ 次のURLを開き、画面右上の[Fork]ボタン(1)をクリックします。

URL https://github.com/elmas3/pull-request-practice

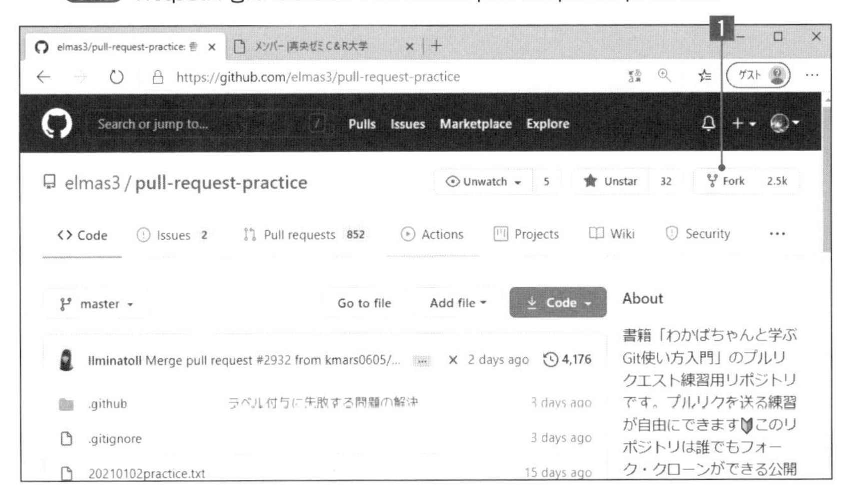

◆クローンする

フォークによって作られた自分のリポジトリを、自分のパソコンにクローンしましょう。

❶まず、Webページ上のリポジトリ名が「自分のアカウント名/pull-request-practice」になっていることを確認してください(■1)。[↓Code]ボタン(■2)をクリックし、表示されるURL(■3)をコピーします。

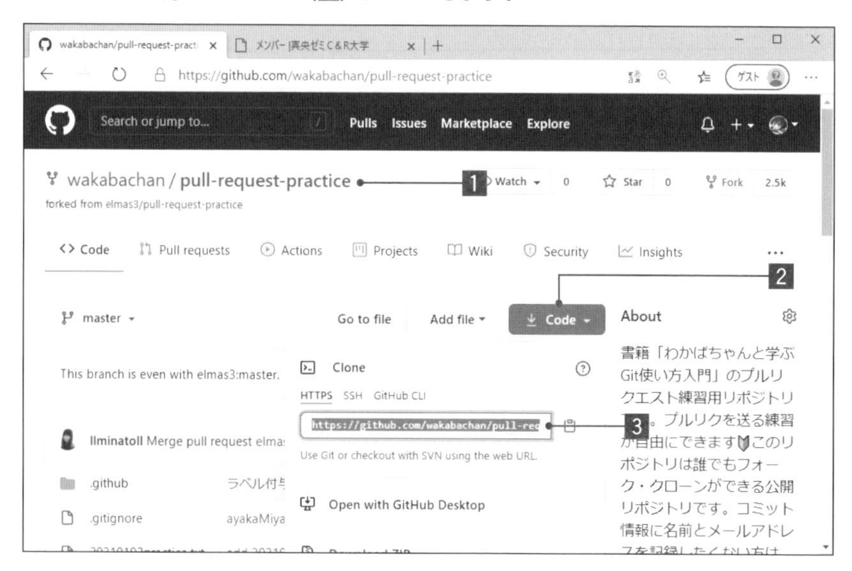

❷SourceTreeを開き、画面上部のメニューバーから[ファイル]→[新規/クローンを作成する]を選択します。「Clone」タブ(■1)をクリックし、[元のパス/URL](■2)に、先ほどコピーしたURLを貼り付けます。その後、[クローン]ボタン(■3)をクリックします。

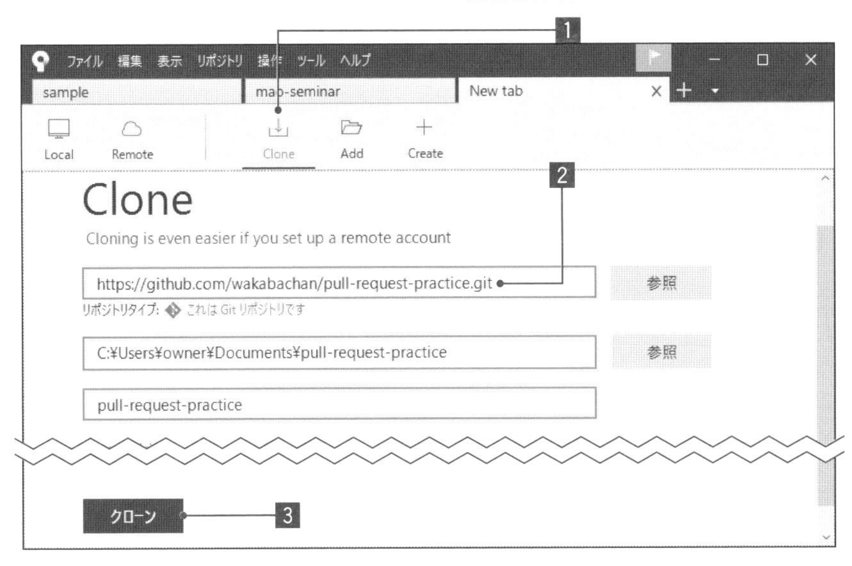

▼コマンドの場合

```
$ git clone リポジトリURL ← 指定のリポジトリをクローンしてくる

$ cd ディレクトリ名        ← クローンで作成されたディレクトリの中に移動する
```

今回の例だと「$ git clone https://github.com/wakabachan/pull-request-practice.git」した後に「$ cd pull-request-practice」することになるわね。

❸ コミットログが表示されればクローン成功です。

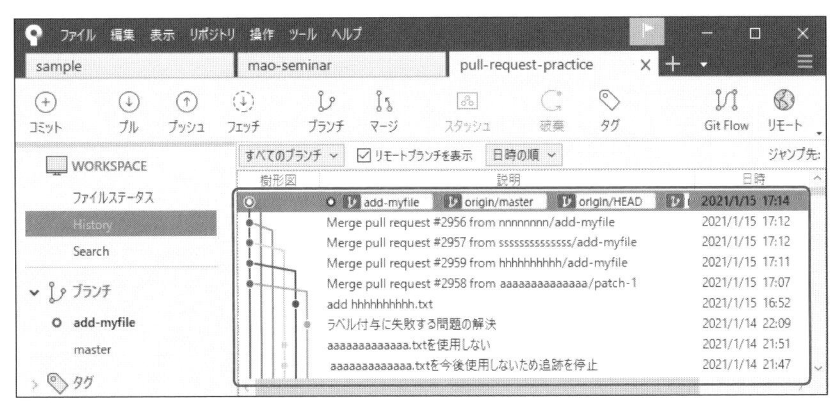

すごい! 他のみんなのコミットがたくさん積み重なっているね!

◆作業用のブランチを作ってコミットする

プルリクエストは、「自分のブランチを、あなたのリポジトリに取り込んでください」という依頼です。そのための新規ブランチを作りましょう。

❶ SourceTreeの「ブランチ」アイコン(1)をクリックし、新規ブランチを作成しましょう。例として、ブランチの名前は「add-myfile」(2)とします。

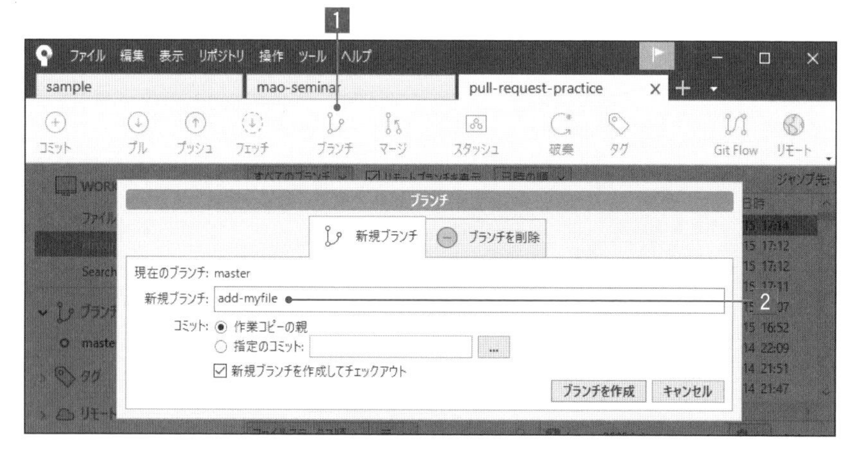

▼コマンドの場合

```
$ git checkout -b add-myfile ← add-myfileという名前の新規ブランチを作り、
                               チェックアウトする
```

❷ まず、このリポジトリのフォルダを開いてみましょう。フォルダの開き方は覚えていますか？　画面上部のメニューから[操作]→[エクスプローラで表示](Macの場合は[操作]→[Finderで表示])をクリックします(1)。

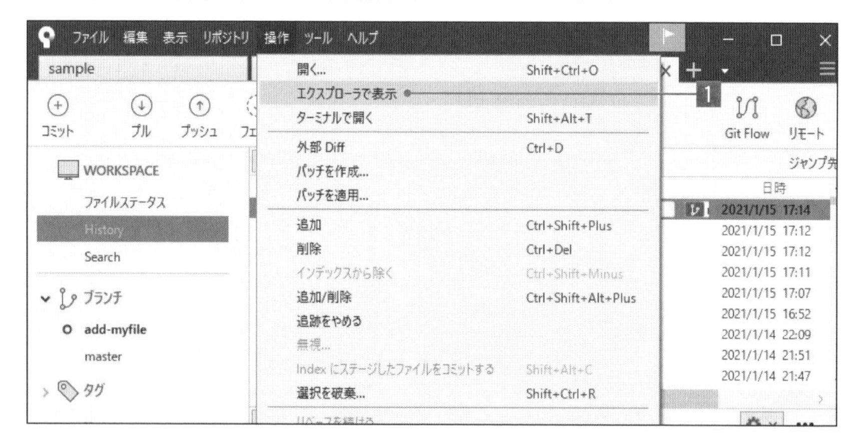

❸ フォルダが開けました！　他の人が追加したテキストファイルがたくさんありますね。今からここに、自分用のテキストファイルを追加しましょう。

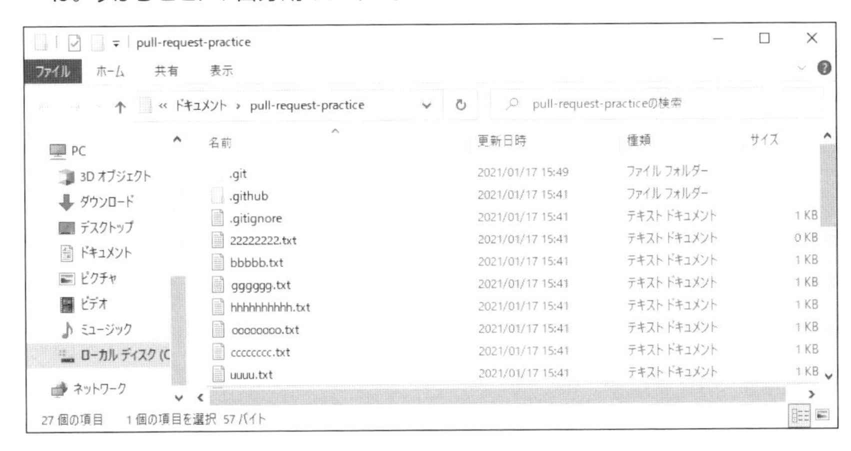

❹ テキストエディタを開いてテキストファイルを作りましょう。ファイル名はなんでもいいのですが、例として「(自分のアカウント名).txt」(❶)にしてみましょう。

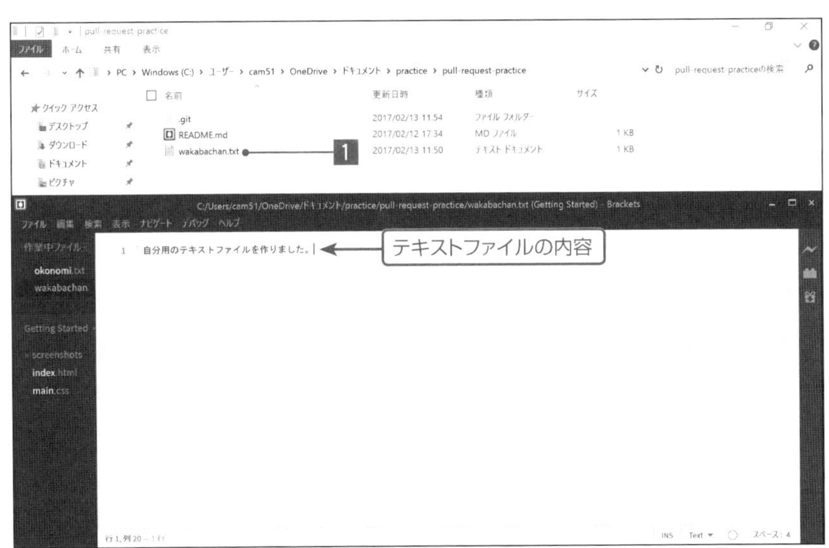

※ここに書き込んだ内容は、GitHub上であなたのアカウントと紐付いて公開されます。個人情報や、見た人が不快になるような文章は、入力しないようにしましょう。

❺ ファイルを保存したら、ステージ → コミットします(55ページ参照)。

※テキストファイルの内容が文字化けしている場合は、文字コードをUTF-8に変更して保存し、ステージ→コミットし直せば、文字化けが解消されます。

▼コマンドの場合

```
$ git add ファイル名

$ git commit -m "コミットメッセージ"
```

◆ プッシュする

次はプッシュします。

❶ SourceTreeの「プッシュ」アイコン(1)をクリックし、プルリクエストとして出したいブランチ(add-myfile)(2)をONにして、[プッシュ]ボタン(3)をクリックします。

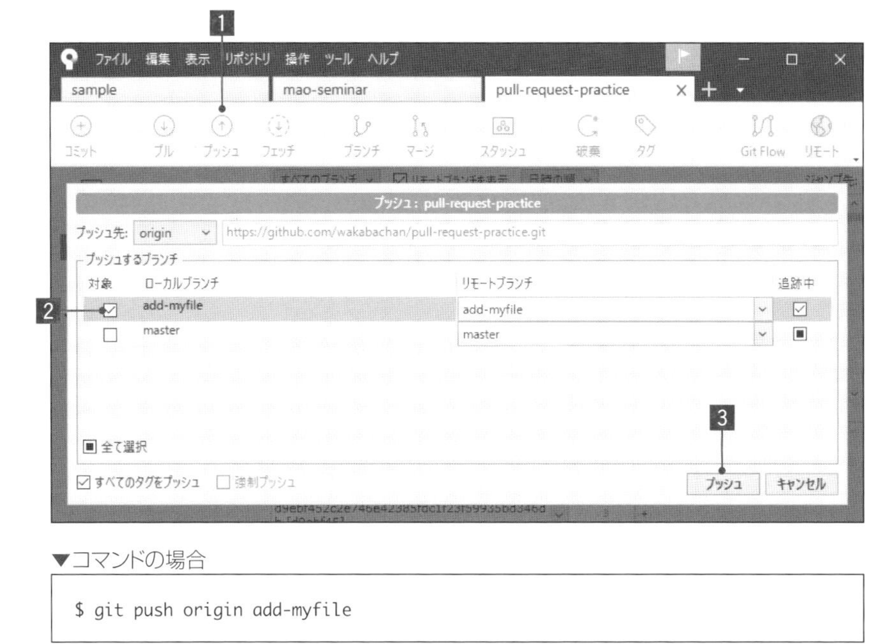

▼コマンドの場合

```
$ git push origin add-myfile
```

◆ GitHub上でプルリクエストを作成する

それではプルリクエストを作成してみましょう。

❶ GitHub上で、先ほどフォークしてきたリポジトリのトップページを更新してみましょう(「自分のアカウント名/pull-request-practice」と表示のあるページです)。画面上部に「Pull request」(プルリクエスト)、「Compare」(コンペア)というアイコンが表示されています。「Compare」(1)をクリックしましょう。

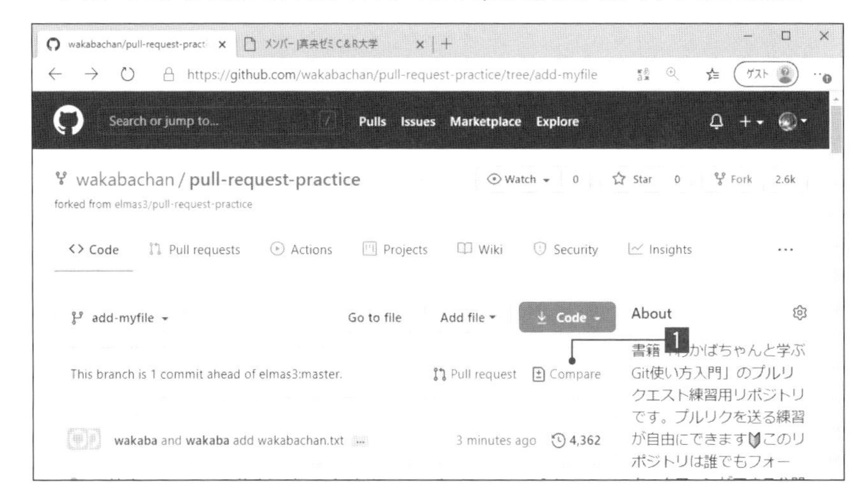

Compareとは、英語で「比較する」という意味で、親リポジトリとの差分を確認できる機能だ。いきなりプルリクエストすることもできるが、まずは変更点を確認してからの方が安心だな。

❷比較ページになりました。エルマスさんのリポジトリのmasterブランチと、あなたのリポジトリのadd-myfileが比較されています(■1)。ページ下部で、どこの行に・どんな変更があったのか、詳細を確認できます(■2)。問題なければ[Create pull request]ボタン(■3)をクリックします。

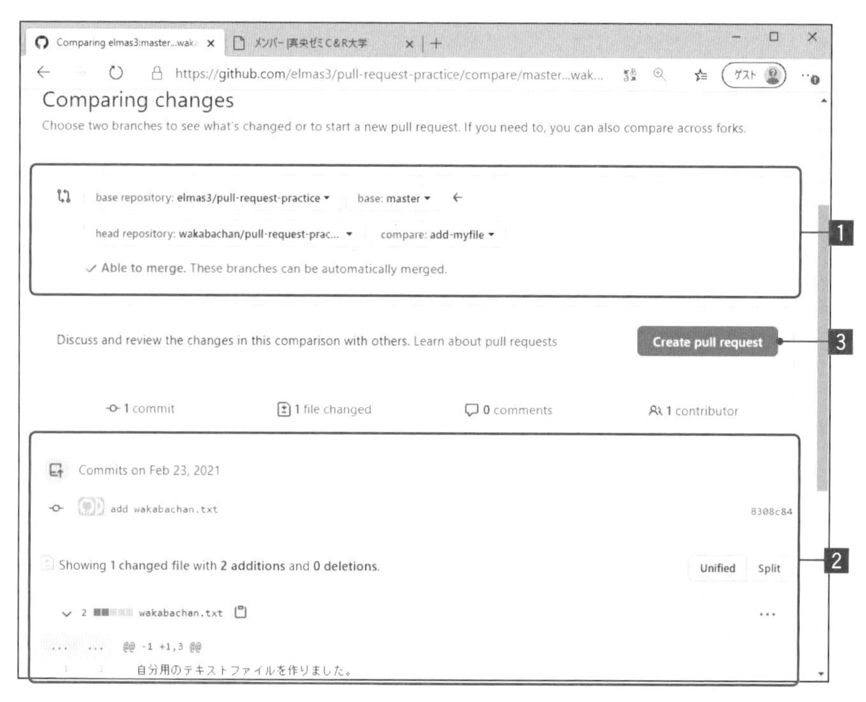

❸プルリクエストの作成画面になりました。説明(■1)を書き込んだら、[Create pull request]ボタン(■2)をクリックします。

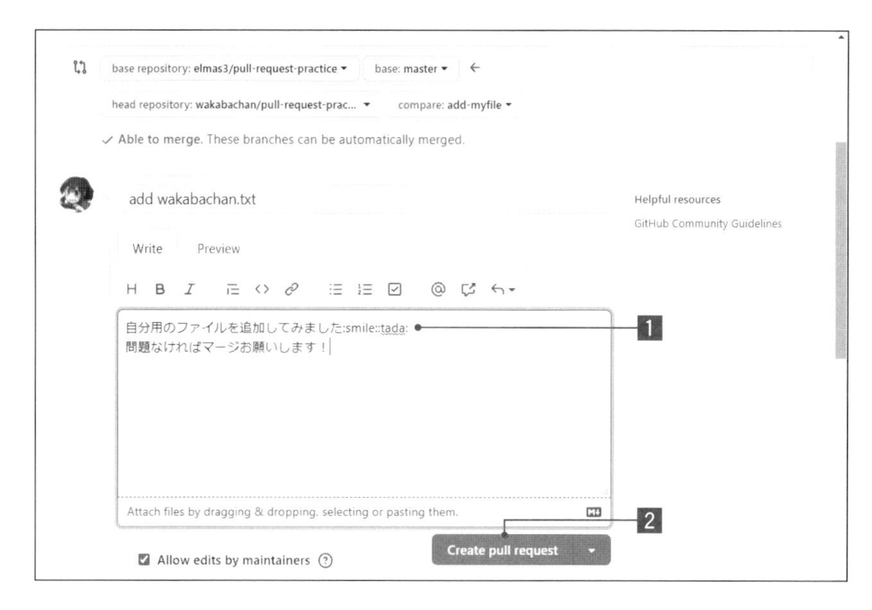

❹ おめでとうございます！　エルマスさんにプルリクエストが送られました！　あなたの作業はここまでで完了です。

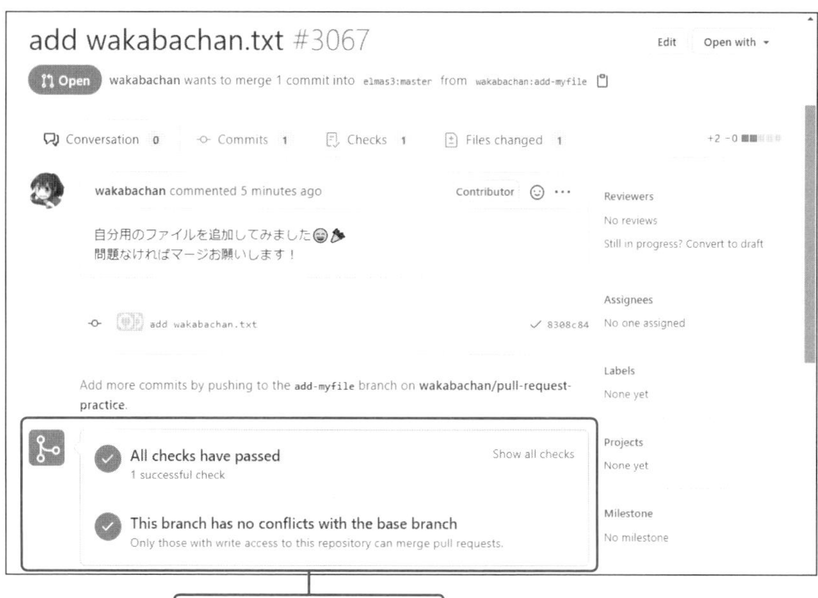

COLUMN 「Compareに何も表示されない!」という場合の確認事項

「Compareしてみたけれど、何も表示されないよ!」「差分がないことには、プルリクエストも送れないし……」とお困りの方がいるかもしれません。

何？ Compareに変更が反映されていないだって？ 比較するブランチを間違えていないか？

どこが間違っているかわかりますか？

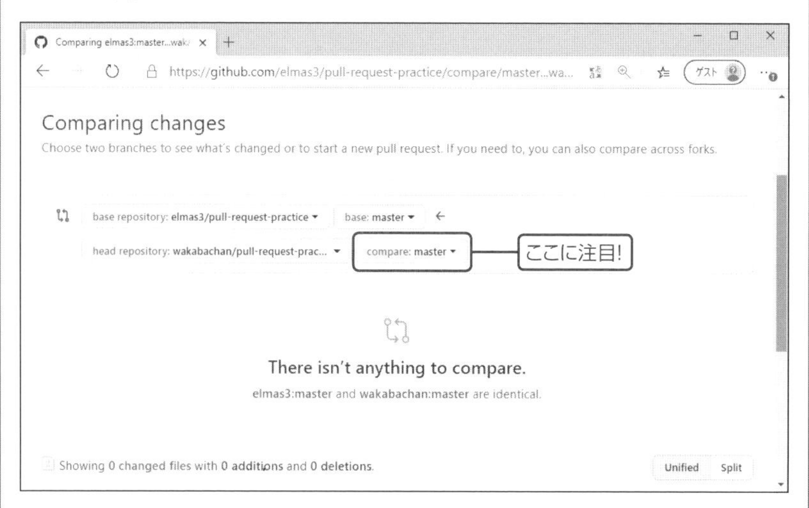

「compare:」と書いてあるプルダウンに注目です。「master」ブランチ同士を比較してしまっていますね。これでは、差分がないのは当たり前です。なぜなら、あなたが編集を加えてプッシュしたのは、「add-myfile」ブランチだからです。

「compare:」と書いてあるプルダウンから、自分がプッシュしたブランチ（この例ではadd-myfile）を選択しましょう。

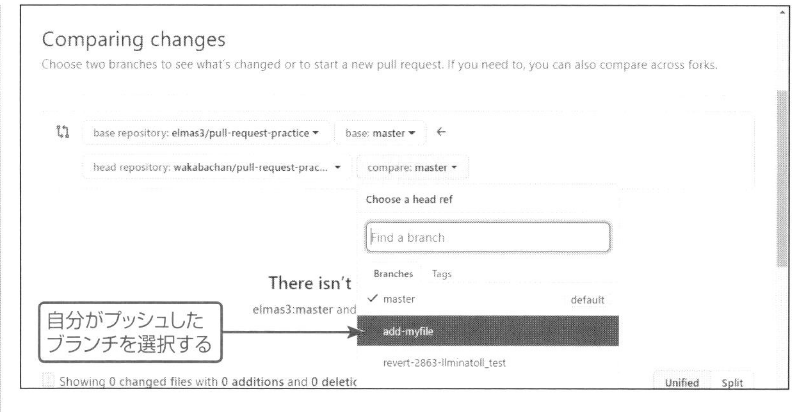

エルマスさんのリポジトリのmasterブランチと、あなたのリポジトリのadd-myfileブランチを比較するわけです。すると、差分が表示され、プルリクエストを送るボタンが現れます。

これで解決だな。何か変だなと思ったら、比較しているブランチに間違いがないか確認してみたまえ。

◆ コードがレビューされる

もし仮に、あなたの送ったプルリクエストがエルマスさんのリポジトリにマージされた場合、GitHub上に「Merged」と表示され、プルリクエストが閉じられます。

この練習用リポジトリでは、あなたの送ったプルリクエストはマージされず、自動でクローズする（閉じられる）仕組みになっています。エルマスさんから次のようなメッセージが返ってきたら、あなたは正しくプルリクエストできています！

みんなも、気軽に私にプルリクエストを送ってみてね。

やったー！　思う存分、練習しよっと！

プルリクエストを修正するには？

プルリクエストを出した後に、レビュー担当者から「ここを修正してください」のようにコメントがつくことがあります。修正依頼をもらったらどうしたらいいのでしょうか？

その場合は、同じブランチにそのまま修正をコミットし、再度プッシュするだけです。こうすることで、簡単にGitHub上のプルリクエストの内容を更新できます。

新しいコミットがプッシュされれば、プルリクエストの内容も更新されるんだね！

COLUMN GitHub上のデフォルトブランチがmainになる理由

GitHubでリポジトリを作ると、デフォルトのブランチは「main」になります。2020年10月以前は、これは「master」でした。どうして変わったのでしょうか?

実はアメリカのBLM(Black Lives Matter)という人権運動に端を発して、IT業界でも「master/slave」(主人/奴隷)のような差別的な用語をなくそうという考えが広まってきました。

この流れを受けて2020年10月1日、GitHubは新規リポジトリのデフォルトブランチ名を変更したと発表しました。

URL https://github.blog/changelog/2020-10-01-the-default-branch-for-newly-created-repositories-is-now-main/

Gitコマンド側でもこの流れに追従する計画があるようです。

URL https://github.com/git/git/blob/master/Documentation/RelNotes/2.28.0.txt

既存リポジトリのデフォルトブランチを変更するには業務フローを修正しないといけないことも多いので、開発現場ではまだ「master」のまま運用しているところもあると思います。しかし、この潮流は世界的なものなので、少しずつ「main」に変わっていく可能性が高いと思います。

個人レベルでもこの設定は次のコマンドで変えることができるので、今から変更しておくのもよいでしょう。

```
$ git config --global init.defaultBranch main
```

SECTION 16 バージョン管理しなくてもいいファイルを無視しよう

バージョン管理が必要ないファイルとは

中にはバージョン管理したくないファイルやディレクトリもあるでしょう。たとえば、次のようなファイルやディレクトリです。

- OSが自動生成するファイル
- キャッシュ
- 容量が大きすぎるもの

▼除外するファイルの例

ファイル・ディレクトリ名	説明
.DS_Store	macOSが自動で生成
Thumbs.db	Windows OSが自動で生成
.sass-cache/	Sassのキャッシュ。管理が必要ないため、除外する
*.css.map	Sassのソースマップ。Sassの適用箇所をたどるために出力するもの。管理が必要ないため、除外する

そういった場合、「.gitignore」というテキストファイルを使うと、Gitで管理しないファイルを指定することができます。

「.gitignore」の書き方

「.gitignore」の書き方のうち、主なものを紹介します。

▼特定のファイルを無視したい

```
# 自分用のメモファイルを無視する
memo.txt
```

▼特定の拡張子を無視したい

```
# .rbcという拡張子がついているファイルが無視される
*.rbc
```

▼特定のファイルを無視しない(例外設定)

```
# 例外として、test.rbcは無視されない
!test.rbc
```

▼特定のディレクトリ以下を無視したい

```
# templates_cというディレクトリ以下が無視される
templates_c/
```

▼ルートディレクトリ直下にあるものを指定したい

```
# ルートディレクトリにあるlogというディレクトリ以下が無視される
/log/
```

▼コメント

```
# 行頭に#を入力するとコメントが書ける
```


プログラミング言語やフレームワークによって、最適な「.gitignore」の設定は異なります。GitHubが提供しているリポジトリに、さまざまな「.gitignore」の例が載っているので、参考にすることができます。

- GitHub - A collection of useful .gitignore templates
  URL https://github.com/github/gitignore

実践：「.gitignore」に書き込もう

マンガのようなことが起こらないように、あらかじめ「.gitignore」に無視リストを設定しておきましょう。

❶ SourceTreeの画面右上の「設定」アイコン(1)をクリックすると表示される「リポジトリ設定」ダイアログボックスで「詳細」タブ(2)をクリックします。［リポジトリ固有の無視リスト］の［編集］ボタン(3)をクリックします。

❷「.gitignore」というテキストファイルが開くので、次のように書き込みます。書き込んだら保存して閉じます。

```
.DS_Store
Thumbs.db
```

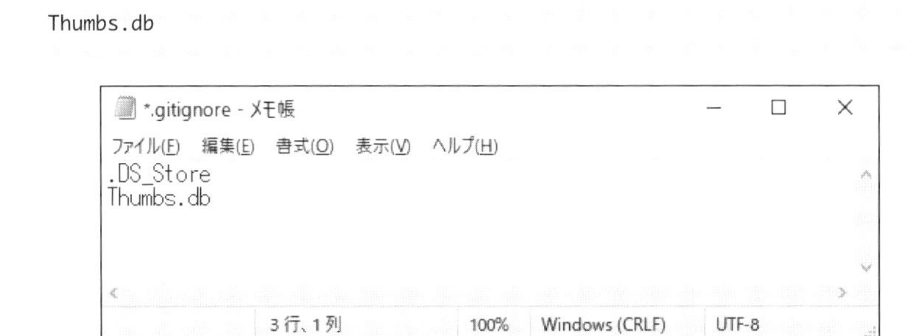

❸「リポジトリ設定」ダイアログボックスの[OK]ボタンをクリックします。

❹ステージし、コミットします。おめでとうございます！　これで、「.DS_Store」と「Thumbs.db」は、Gitの管理に含まれなくなりました。

◆コマンドで操作する場合

「.gitignore」ファイルを編集してから、ステージ → コミットします。「.gitignore」ファイルが存在しない場合は、新規作成しましょう。

```
$ git add .gitignore                        ← .gitignoreファイルをステージする

$ git commit -m "add file to .gitignore" ← .gitignoreファイルをコミットする
```

なお、「.gitignore」ファイルを編集する場合、次のコマンドでファイルに書き込むこともできます。

```
$ echo .DS_Store >> .gitignore
```


すでにコミットしてしまったファイルを無視する方法

すでにコミットしてしまっている場合は、次の2つの作業が必要です。

- 追跡をやめる
- 「.gitignore」に追加する

具体的には、次のように操作します。

❶ [ファイルステータス](Macの場合は[作業コピー])(1)の画面に移動します。

❷ [保留中のファイルを表示、ファイルステータス順]ドロップダウンボタンから[すべて](Macの場合は[すべてのファイル])(1)を選択します。

❸ 除外したいファイル(ここでは例としてrerun.txt)を右クリックし、[追跡をやめる](Macの場合は[追跡を停止する])(1)を選択します。

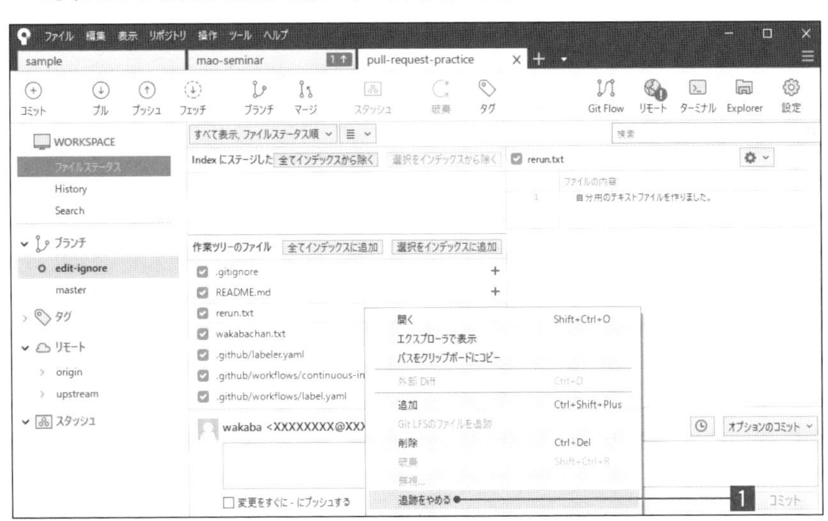

❹コミットします。コミットメッセージには追跡をやめた旨を記述しましょう。

❺最後に、174～176ページと同じ手順で、「.gitignore」に無視したいファイルを追記してコミットして完了です。

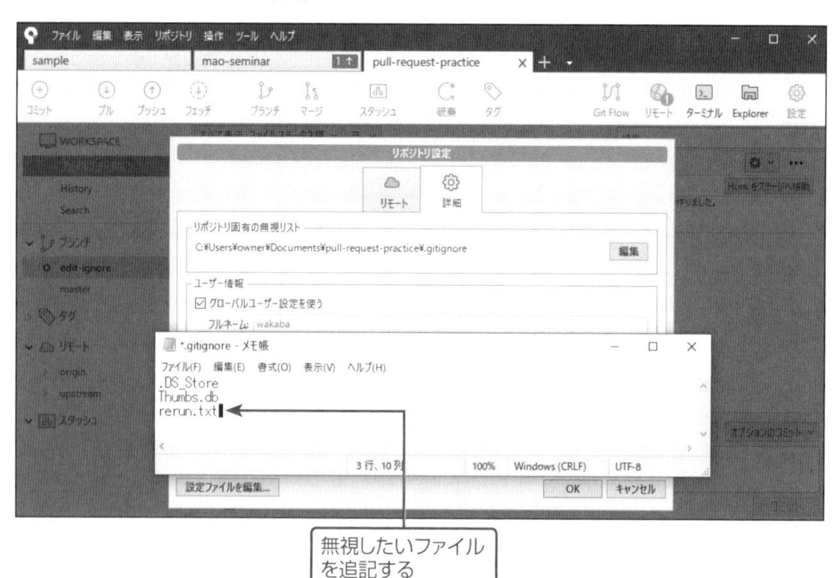

COLUMN ブランチの運用ルール

Gitは便利なツールですが、自由度が高いので、ブランチをどう使うか迷ってしまうことがあるかもしれません。そこで、おすすめの運用方法「GitHub Flow」を紹介します。

◆GitHub Flowとは?

GitHub Flowは、GitHub社やその他多数のWeb企業で採用されている、シンプルかつ効率的な運用ルールです。

- GitHub Flow - Scott Chacon(英語原文)

  URL http://scottchacon.com/2011/08/31/github-flow.html

- GitHub Flow - Gist@Gab-km(日本語訳)

  URL https://gist.github.com/Gab-km/3705015

◆GitHub Flowのブランチモデル

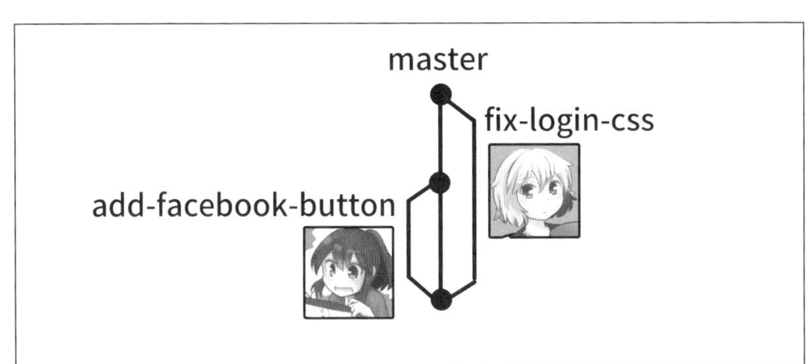

- masterブランチ

masterブランチの内容は、常に安定しており、いつでも本番反映できる状態にしておきます。基本的に、masterブランチでは作業しません。実際の作業は、後述するtopicブランチで行います。

- topicブランチ

新機能を追加したくなったり、デザインを修正したくなったら、目的ごとにmasterブランチから新たなブランチを生やし、そこで作業していきます。masterブランチに合流させたくなったら、プルリクエストを送ります。topicブランチの名前は、パッと見たときに内容が想像できる名前にします。topicブランチの命名例は次の通りです。

- add-facebook-button
- fix-login-css

◆GitHub Flowの6つのルール

GitHub Flowには6つのルールがあります。

1. masterブランチはいつでも本番反映可能
2. 新しい作業に取り組む際は、その内容を表す名前のブランチを作る
3. ブランチを定期的にプッシュする
4. フィードバックや助言がほしくなったら/masterブランチにマージできる準備が整ったら、プルリクエストを送る
5. masterブランチへマージできるのは、他のメンバーにレビューしてもらってOKが出たものだけ
6. masterブランチへマージされたら、直ちにリリースする

これらのルールを守ることで、ブランチの一覧を見るだけで今どのような作業が行われているか把握できます。

さらに、すべての変更がプルリクエスト→他のメンバーからのレビュー→マージという工程をたどるため、「誰もチェックしていないソースコードがいつの間にかmasterブランチにマージされる」といったことが防げます。

◆実際の流れ

実際の流れは次の通りです。

❶ プルリクエストを送る。

❷ 他のメンバーからレビューしてもらう。

❸ OKが出たらmasterブランチへマージする。

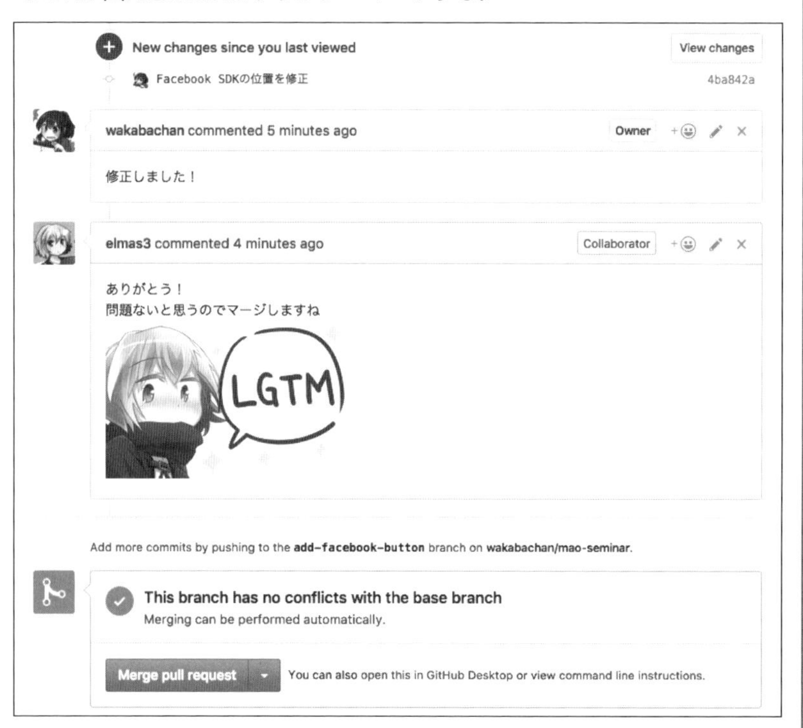

GitHub社は、1日に175回もプルリクエストをマージして本番反映しているそうよ。

すごい！　GitHub Flowのおかげで、高速に・安定した開発ができるんだね。

COLUMN 親リポジトリ上のコミットを取り込むには?

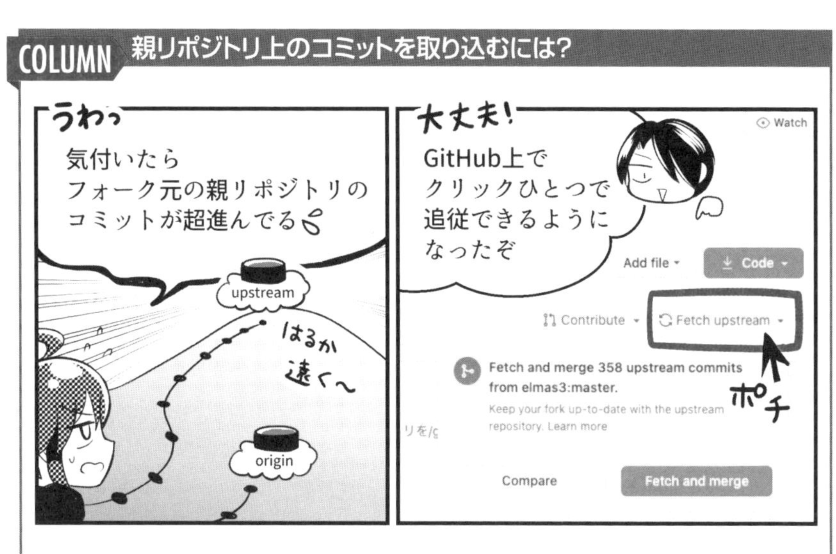

◆GitHub上で、ワンクリックで追従できる!

フォークしたはいいけど、しばらくしたら親リポジトリのコミットが進んじゃってて、自分のリポジトリのコミットは古いまま。どうすれば、親リポジトリの新しいコミットを取り込めるの?

GitHubの新機能「Fetch upstream」を使えば、なんと、クリックするだけで親リポジトリのコミットに追いつけます!

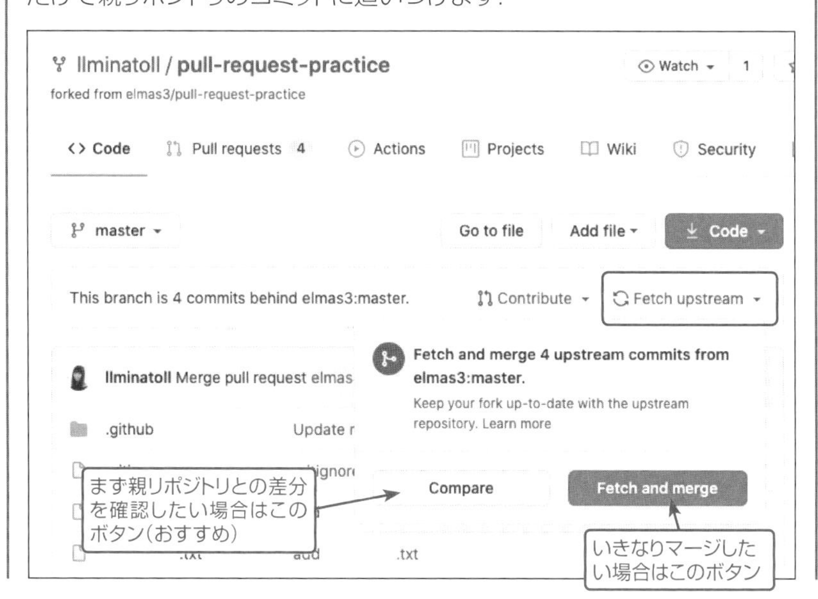

❶ 自分のリポジトリのページにある「Fetch upstream」ボタンをクリックします。
❷ まずは、親リポジトリとの差分を「Compare」ボタンで確認します。
❸「Fetch and merge」ボタンでマージします。

❷の「Compare」ボタンをクリックしたあとの画面で、プルリクを作れるボタンがあります。しかし、ここでプルリクエスト経由でマージをしてしまうと、自分のリポジトリのmasterブランチに新たにマージコミットが作られてしまうため、本家のmasterブランチと、自分のmasterブランチが、別物になってしまいます。

よって、Compareの画面では差分を目視で確認するだけにしておき、マージは「Fetch and merge」ボタンで行うのがおすすめです。

◆従来は2段階で追従していた

この新機能が登場するまではどうやっていたのでしょうか？　従来は、手元のパソコンで、コマンドまたはGUIを使い、次の2段階の操作を行うのが普通でした。

❶ upstreamリポジトリからプルする
❷ originリポジトリにプッシュする

これらの操作を、GitHub上からクリック1つでできるようになったというわけです。便利になりましたね。

もちろん、この2段階のやり方が古くなったというわけではなく、Gitの仕組みを知ることができる順当なやり方です。

「うちの会社はGitHubを使っていないから、「Fetch upstream」みたいな機能はないんだけど……」という方は、次の記事をご覧ください。従来の2段階で追従する方法を解説しています。

- **マンガでわかるGit 12話「本家リポジトリに追従する方法」**
  URL https://next.rikunabi.com/journal/20180322_t12_iq/

COLUMN 業務のソースコードを公開しないように気をつけよう!

会社のソースコードは資産。一部でも公開してしまうと、顧客データのやり取りやセキュリティが丸わかりになってしまうかもしれない。それを全世界に公開してしまうところだったんだぞ。

ヒィ〜! そうなったら損害賠償どころじゃ済まないよね。ごめんなさい。

「他社でこういう問題が起きたあと、うちの社内でもGitHubが使用禁止になってしまった」ってな悲しい話も聞くことがあるけど、それって根本的な解決にはなってないんだよな。

「GitHubは危険なツールだ!」と結論づけるのではなくて、「使う側のコンプライアンスの問題」よね。そこが改善されない限りは、他のツールに差し替えたところで、結局同じ問題が繰り返されるわ。

これは「クラウドだから危ない」というよりも、コンプライアンスやITリテラシーの問題です。使用するツールがなんであれ、ソースコードの運用には気をつけましょう。

他にも、こんなことが起きないように注意しましょう。

- ソースコード内にパスワードやシークレットキー、個人情報を書いてコミット・プッシュしてしまった。
- プログラミングの質問サイトで、業務用のソースコードの一部を貼り付けてしまった。
- ちょうどいい素材がなかったので、Web上のイラストや写真を許可なく使ってしまった。

業務で開発している場合は、雇用契約や請負契約を結んでいるはずなので、契約書をよく読んでおきましょう。

実用Git
～こんなときは どうすればいい？

過去に戻って新規ブランチを作成、作業をやり直したい

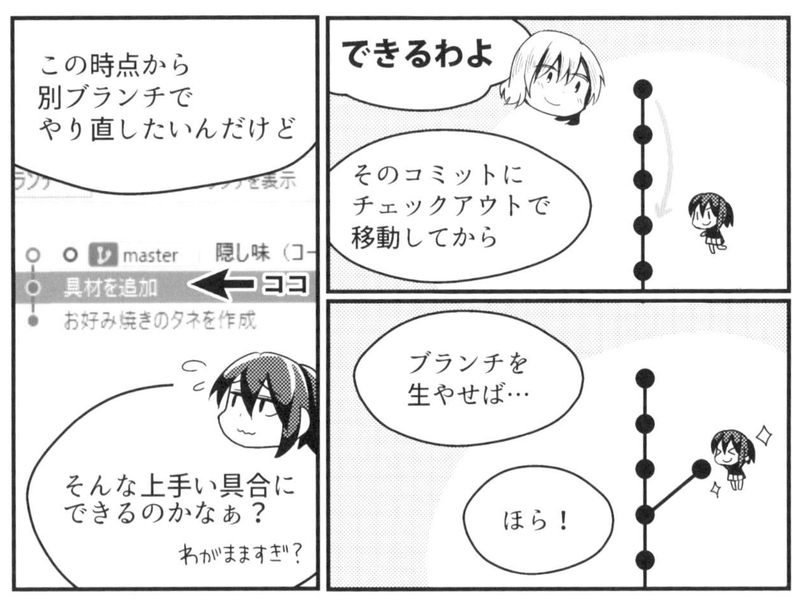

チェックアウトしてからブランチを生やす方法

チェックアウトしてからブランチを生やす方法は次の通りです。

❶ まず、戻りたいコミットをダブルクリックします。この例では、コーラを追加する前に戻りたいので、「具材を追加」（**1**）をダブルクリックします。

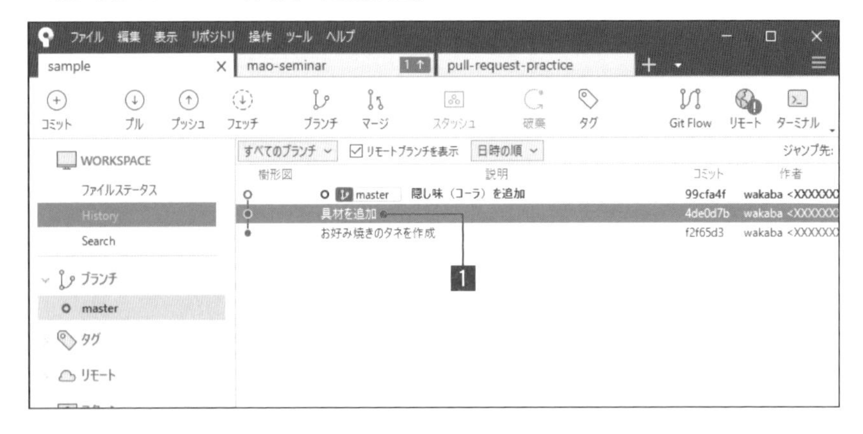

❷ 確認ダイアログが表示されます。[OK]ボタン(1)をクリックします。

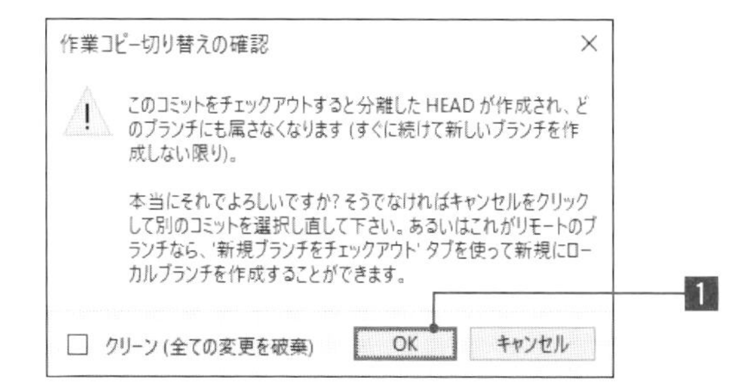

❸ チェックアウトできました。

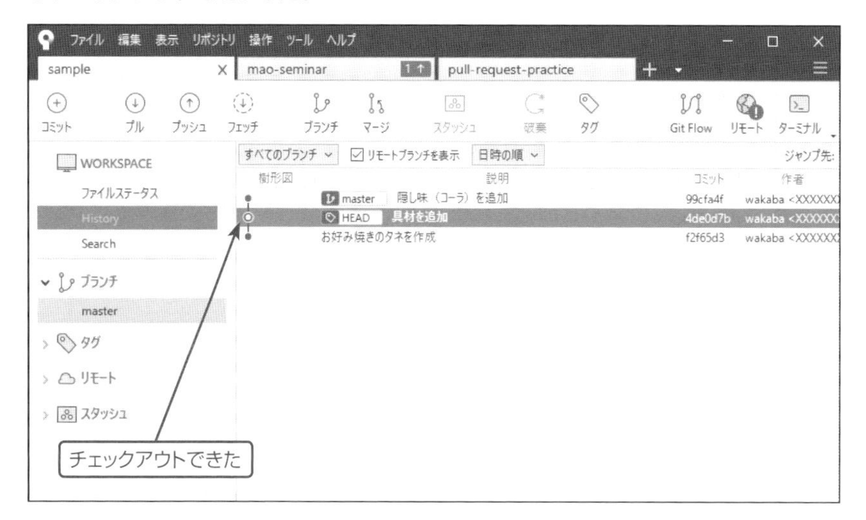

❹ この状態で「ブランチ」アイコン(1)をクリックし、新規ブランチを作ります。

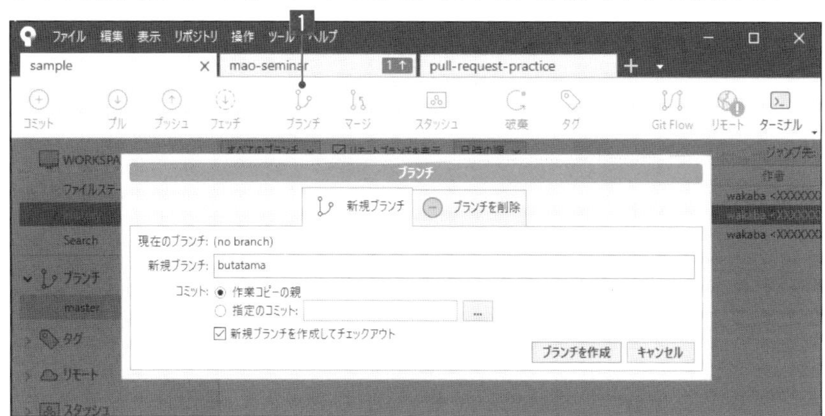

4 実用Git〜こんなときはどうすればいい?

❺ 先ほどチェックアウトしたコミットに、ブランチが作られたのが見てとれます。

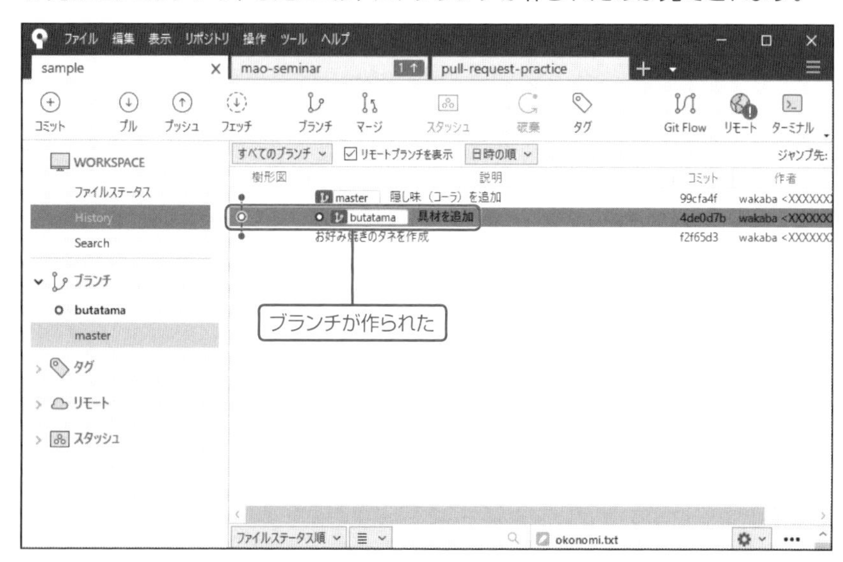

❻ この状態で新しくコミットします。過去の指定した時点から、ブランチを分岐させることができました!

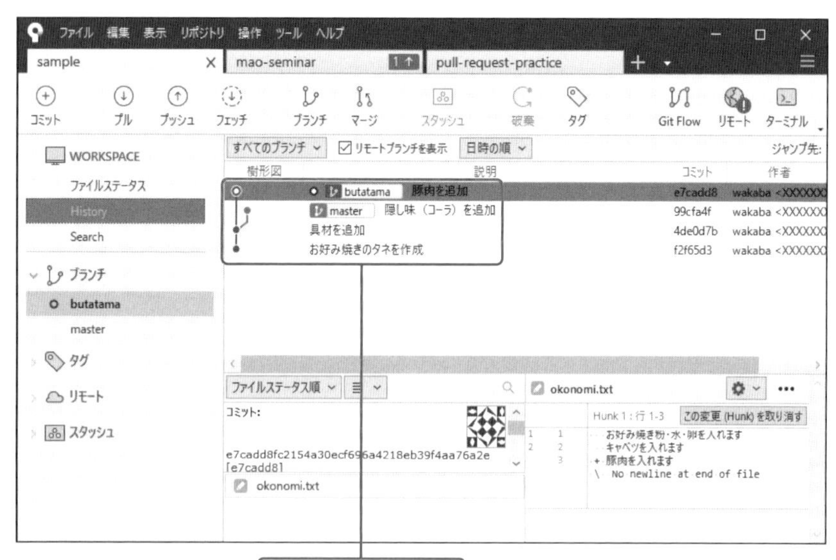

◆コマンドで操作する場合

本節の操作を行うコマンドは次のとおりです。

```
$ git branch butatama コミットID ← 任意のコミットIDを指定して、
                                    新規ブランチ「butatama」を生やす

$ git checkout butatama           ← butatamaブランチへ
                                    チェックアウト(移動)する

$ git add okonomi.txt             ← okonomi.txtをステージに乗せる

$ git commit -m "豚肉を追加"       ← コミットメッセージを添えてコミットする
```

まとめ

- 過去に戻って作業をやり直したいとき　→
  任意のコミットを指定して、新規ブランチを生やす

過去のコミットを打ち消したい(リバート)

そういうときは
リバートよ
さっきはブランチを
作ってやり直したけど
E
D
C
B
A
リバート
D
C
B
A
←消したい過去
反対の内容で
新規コミットを作ることで
過去のコミットを打ち消せるの
過去のある一点の
コミットを消すことは
できる?

リバートって何?

リバート(revert)は、コミット1件を逆適用することができます。

過去のコミット自体を削除するわけではなく、あくまでも反対の内容で新規コミットを作ることで、過去の変更を打ち消すというところがポイントです。

リバートする方法

リバートする方法は次の通りです。

❶ 打ち消したいコミットを右クリックし、[このコミットを打ち消し](Macの場合は[コミット適用前に戻す])(1)を選択します。

❷ これで、過去の変更を打ち消す内容のコミットが作られます。

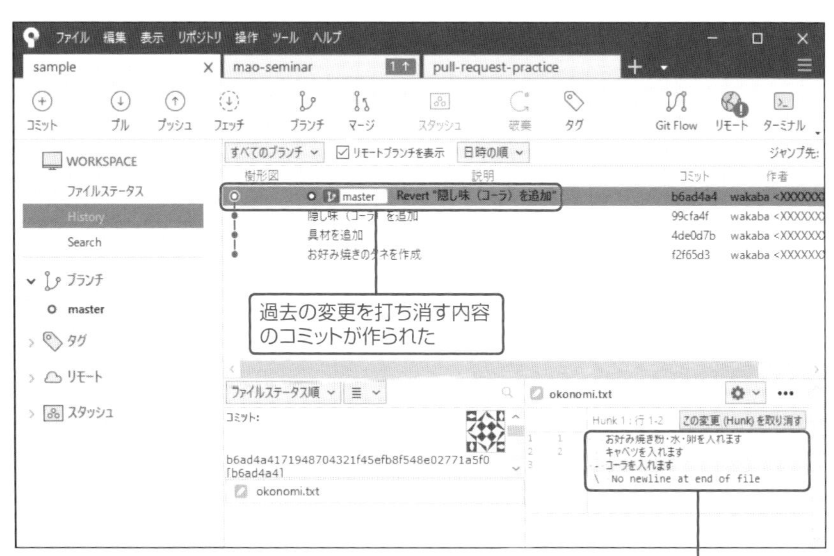

本当だ! 逆の内容が、新しくコミットされたね!

次のように、別のコミットが間に挟まっている場合でもリバートできるわよ。

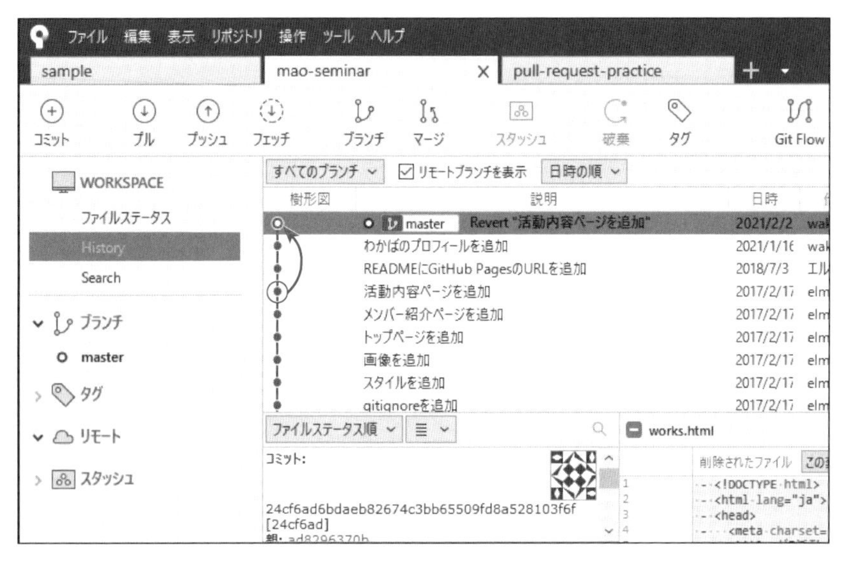

◆ コマンドで操作する場合

本節の操作を行うコマンドは次のとおりです。

```
$ git revert コミットID ← コミットIDを指定してリバートする
```

リバートでコンフリクトが起きたら?

指定したコミットと同じ行に変更があった場合、コンフリクトが起きます。その場合は、144ページと同じように、修正後、再度コミットするだけでOKです。

まとめ

- リバート → 過去のコミットと逆の内容を新規にコミットすることで、安全に打ち消すことができる

SECTION 19 履歴を一直線にしたい（リベース）

突然だが、わかば君に質問だ。ブランチを統合するなら？

マージですよね！

実はもうひとつ、別のやり方があるのだ。**リベース**（rebase）というものだ。

リベース？　それってマージと何が違うんですか？

実際に見た方が早いだろう。違いがわかるかな？

▼統合前

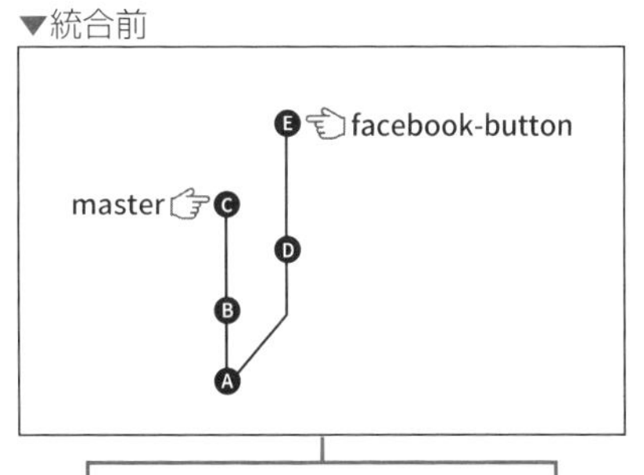

▼マージした場合

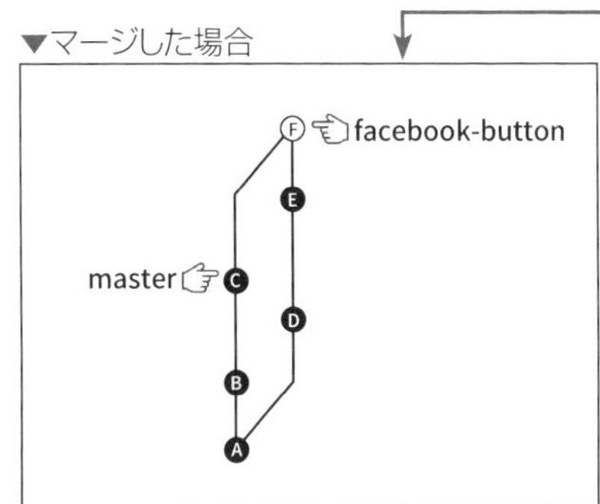

▼リベースした場合

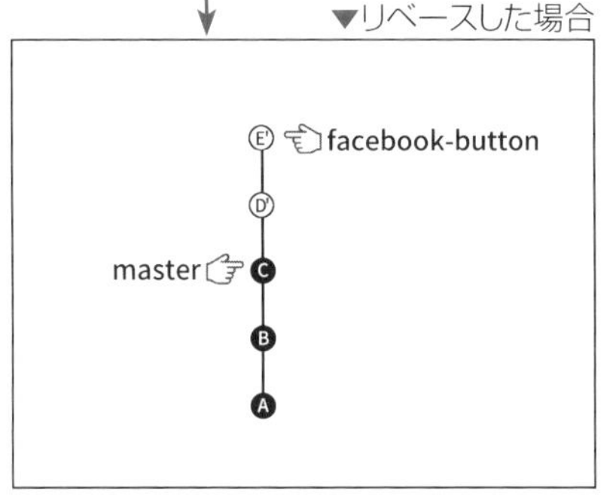

おお! 履歴の形が全然違う! マージした場合は履歴が枝分かれしたままだけど、リベースした場合は一直線になってますね!

その通りだ! ついでに、GitHub上でも、この履歴を見てみよう。どちらの履歴が見やすいかな?

▼マージした場合のコミットログ

Commits on Mar 6, 2017

Merge branch 'master'

Facebookいいねボタンを追加

ナビゲーションの文字サイズを修正

Facebook SDKを設置

ナビゲーションの背景を修正

first commit

▼リベースした場合のコミットログ

Commits on Mar 6, 2017

Facebookいいねボタンを追加

Facebook SDKを設置

ナビゲーションの文字サイズを修正

ナビゲーションの背景を修正

first commit

リベースした場合のほうが見やすいです!

なんでそう思うんだ?

マージした場合は、「ナビゲーション」と「Facebookボタン」の作業が、単に時系列に並んでいて、パッと見たときに何が変更されたのかよくわからないです。
リベースした場合は、「ナビゲーションを修正して、Facebookボタンを設置したんだな」ということがパッと見てわかりやすいです。

素晴らしい! さすが我がゼミのメンバーだ!

マージとリベースの違い

わかばちゃんがfacebook-buttonブランチで作業を進めている間に、エルマスさんがリモートリポジトリのmasterブランチのコミットを進めていました。

みんなで一緒に作業しているから、masterブランチがどんどん進んでいってる……。あとで大量にコンフリクトすると面倒だから、masterブランチに起きた変更は、早めに取り込んでおきたいなぁ。

わかばちゃんは、masterブランチに追加されたコミットを、facebook-buttonブランチに取り込むことにしました。

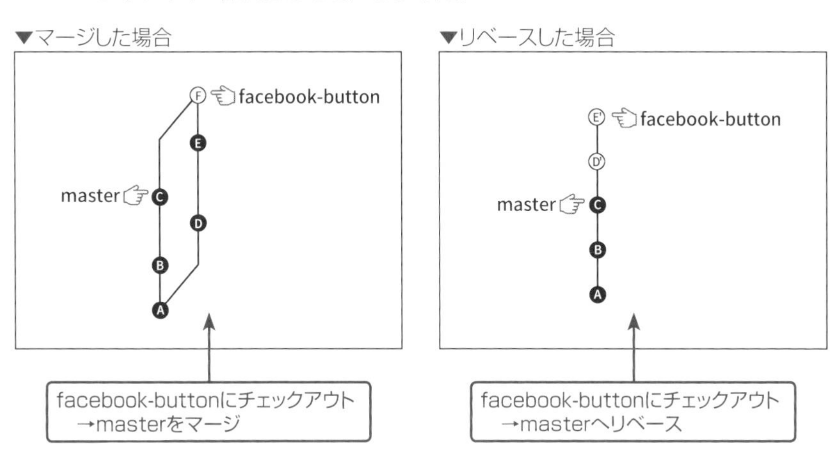

- マージの場合、過去のコミットは改変されずに、**マージするためだけの新しいコミットFが作成される**
- リベースの場合、もともとのコミットが改変されてリベース先のブランチに乗っかり、**履歴が一直線になる**

リベースとは「re+base」、つまりブランチの付け根を植え替えると考えるとわかりやすいでしょう。

マージしてもリベースしても、統合後のソースコードは一緒だけど、生成される履歴の形が異なるんですね。

ただし、リベースは**履歴を改変するので若干の危険性**がある。マージと違い、リベースの場合はコミットを新しく作り直しているからな。リベース前と後では、コミットIDが変わってしまうんだ。

ということは、すでにリモートリポジトリ上に存在しているブランチをリベースしてしまうと……？

普通の方法ではプッシュできなくなるぞ。**慣れないうちはマージを使っておいたほうがいい**だろう。

リベースする方法

リベースする方法は次の通りです。

❶ まず、リベースしたいブランチ(この例だとfacebook-button)(1)をダブルクリックしてチェックアウトします。その後、リベース先のブランチ(この例の場合だとmaster)を右クリックし、[現在の変更をmasterにリベース](2)を選択します。

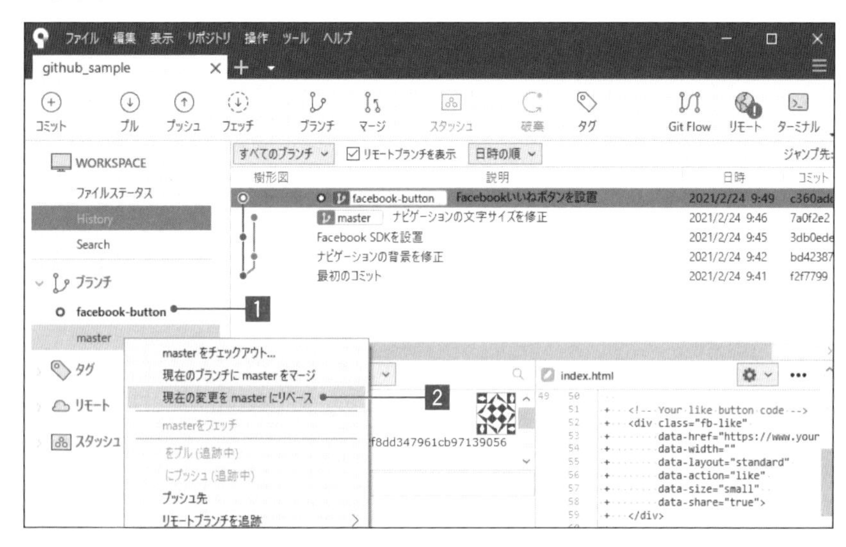

❷リベースできました！ 履歴が一直線になったのが見て取れます。

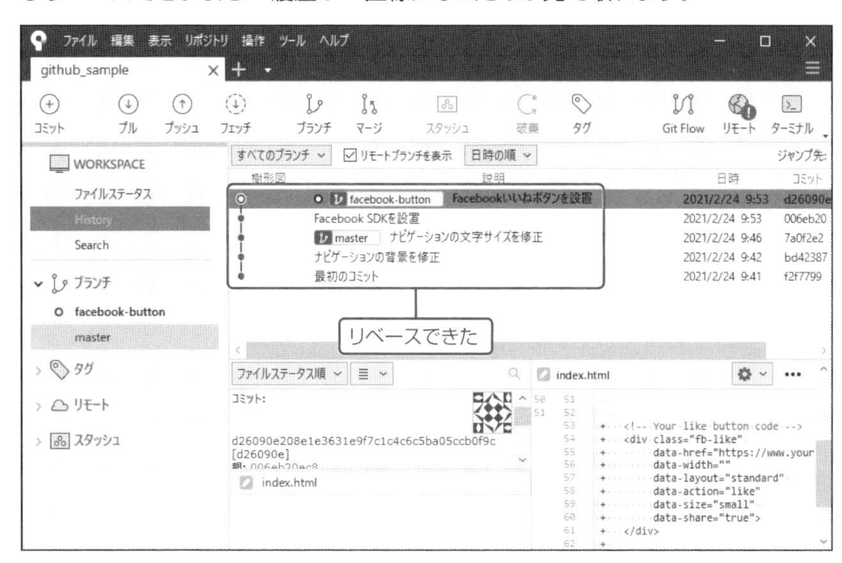

わーい、リベースできた！ masterブランチの上に、facebook-buttonブランチがひょいっと積み上がったのがわかるね。

◆コマンドで操作する場合

本節の操作を行うコマンドは次のとおりです。

```
$ git checkout facebook-button ← リベースしたいブランチにチェックアウトする

$ git rebase master            ← リベース先のブランチを指定する
```

コンフリクトしたら

コンフリクトした場合は、次のように操作します。

❶ 画面上部の[操作]メニュー(1)から[競合を解決](2)を選択してコンフリクトを解決した後、[操作]→[リベースを続ける](3)を選択すればリベースが完了し、コミットできます。

コンフリクトの解決の仕方は144ページと同様です。

まとめ

- リベース → 履歴を一直線にできる
  - ただし、履歴を改変するので若干の危険性あり
- すでにリモートリポジトリ上に存在するコミットは、リベースしないように気をつける
  - 慣れないうちはマージを使っておけばよい

SECTION 20 コミットを1つにまとめたい(スカッシュ)

何度も追加修正してこんな履歴になっちゃった。コミットを1つにまとめてきれいにできればなぁ……。

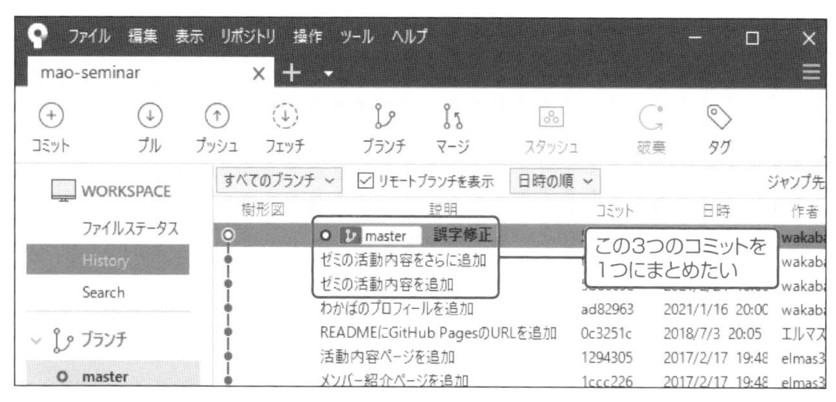

ああ、それなら**スカッシュ**(squash)でまとめられるぞ。プッシュする前に限るがな。

コミットを1つにまとめる方法

コミットをひとつにまとめる方法は、次の通りです。

※コミットがすでにリモートリポジトリ上に存在する場合、履歴を改変してしまうと、他のメンバーのリポジトリと差異ができてしまい、みんなを混乱させてしまいます。そのコミットが自分のローカルリポジトリにしか存在しないことを確認してから操作しましょう。

❶ まとめたいコミットの1つ前のコミットを右クリックし、[(コミットID)の子とインタラクティブなリベースを行う](Macの場合は[(コミットID)の子を対話形式でリベース])(1)を選択します。

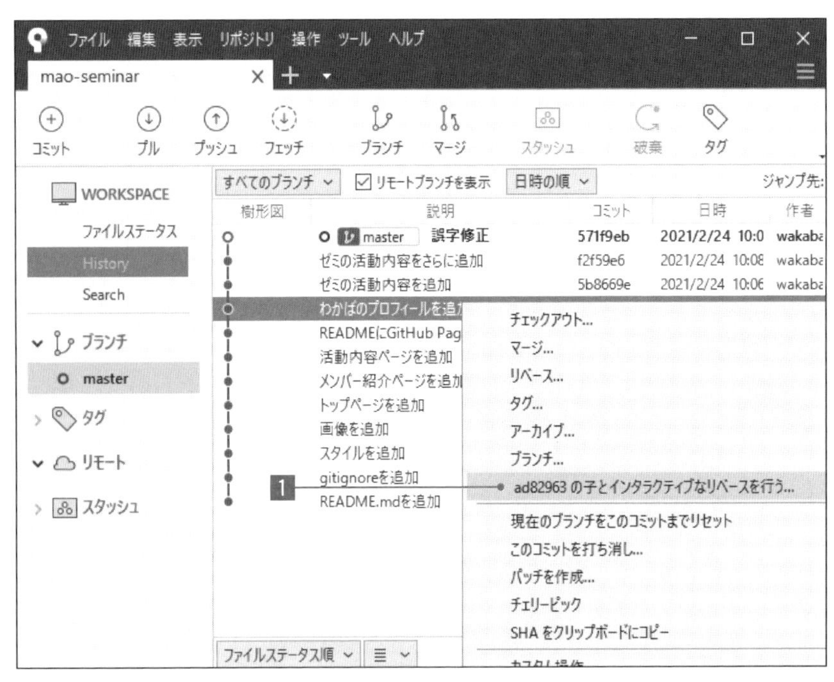

❷ インタラクティブリベースモードに入りました。一番上のコミット(この例だと「誤字修正」)をクリックして選択し(1)、まとめたいコミットの分だけ[前のコミットとスカッシュ]ボタン(Macの場合は[過去を含めてsquashする]ボタン)(2)をクリックします。

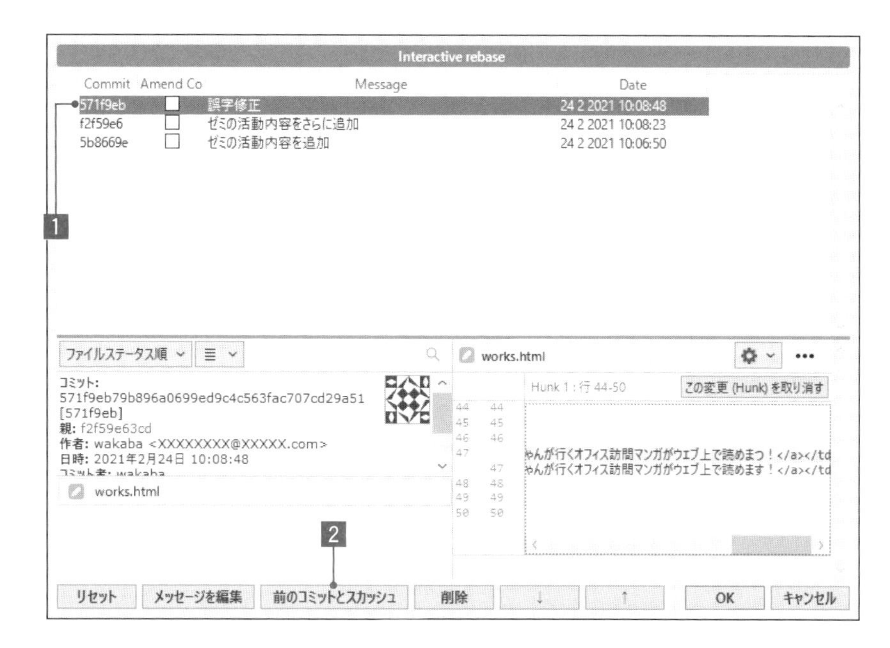

❸ コミットが1つにまとめられました。［OK］ボタン(1)をクリックして完了です。なお、コミットメッセージを書き換えたい場合は［メッセージを編集］ボタン(2)をクリックしてください。

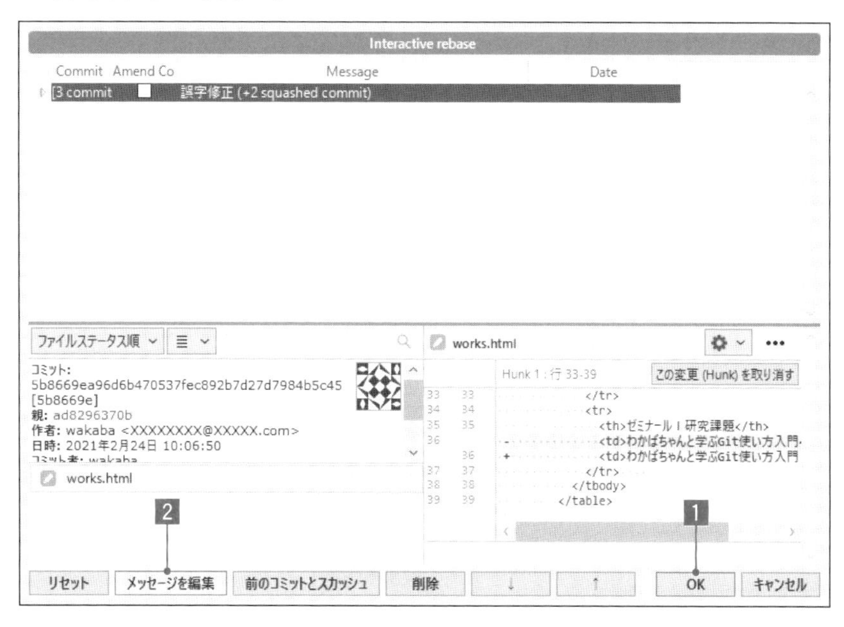

◆コマンドで操作する場合

本節の操作を行うコマンドは次のとおりです。

```
$ git log --oneline ← コミットログを一列ずつ表示する

571f9ed 誤字修正                     ← このコミットと
f2f59e6 ゼミの活動内容をさらに追加 ← このコミットと
5b8669e ゼミの活動内容を追加         ← このコミットを１つにまとめたい場合
ad82963 わかばのプロフィールを追加 ← このコミットIDを使う
……

※「Q」キーでログ表示を終了する

$ git rebase -i ad82963 ← インタラクティブモードでリベースを開始する

※古いコミット順に上から表示される（git logの表示と逆の順番）
pick 5b8669e ゼミの活動内容を追加 ← 一番古いコミットはそのままにしておく
pick f2f59e6 ゼミの活動内容をさらに追加 ← 「pick」を「s」に書き換える
pick 571f9ed 誤字修正 ← 「pick」を「s」に書き換える
```

コマンドで操作する場合、「$ git rebase -i」を実行すると、テキストエディタ「vi」が立ち上がるのだ。「A」キーで入力モード、「ESC」キーでコマンドモードだ。編集し終わったら、コマンドモードの状態で「:wq」と打てば、保存して終了できるぞ。

手しぼり
レモンをスカッシュしてもらった

途中で混乱したら

インタラクティブリベースモード中に混乱してしまったら、落ち着いて[リセット]ボタンをクリックすることで、元のコミットツリーの状態に戻ります。

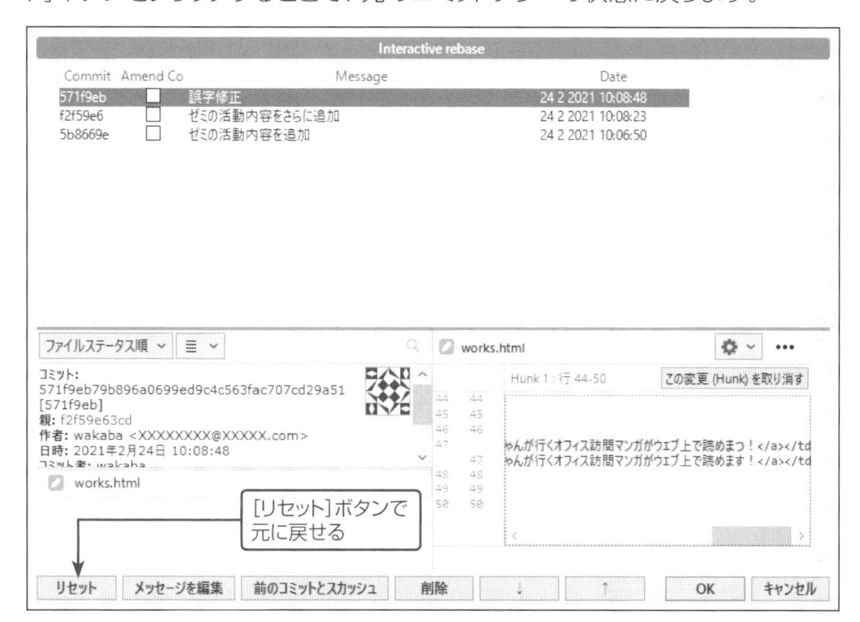

まとめ

- コミットをまとめたいとき →
  インタラクティブリベースモードにしてスカッシュする
  - ただし、履歴を改変するので若干の危険性あり
- すでにリモートリポジトリ上に存在するコミットは、インタラクティブリベースしないように気をつける

インタラクティブというのは、英語で「対話式」という意味だ。直訳すると「対話形式のリベース」。つまり、あたかもGitと対話しているかのようにコミットを操作できる、ロマンあふれる機能……。

はいはい。ざっくり言えば「自由度が高いリベース」って感じだね!

SECTION 21 プルは実際には何をやっているの?

…
電線?
ええ
これで
説明できるわ
この
立体構造で

リモート追跡ブランチの存在

今までは、わかばちゃんは単純にこういうイメージでプッシュ／プルをしていました。

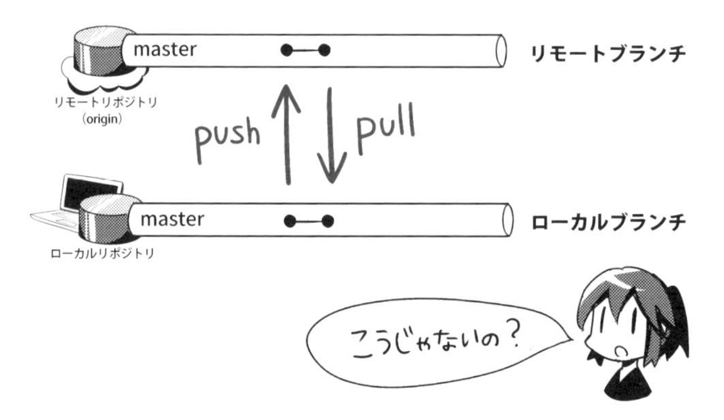

実はこういう構造なのです！

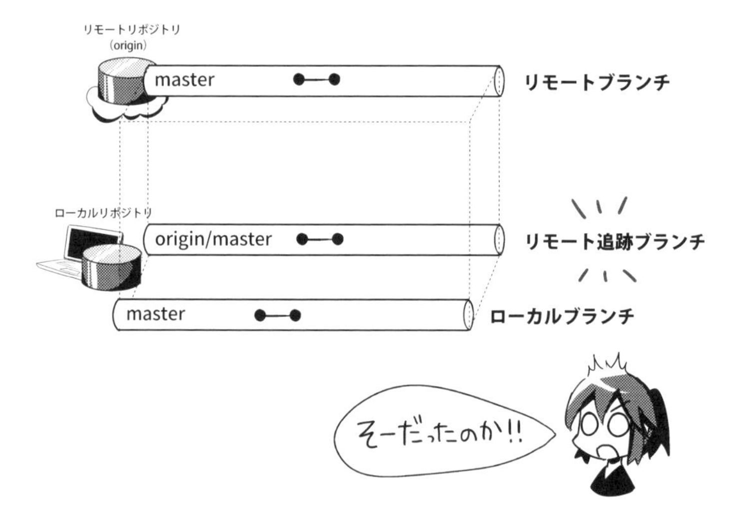

ブランチ	説明
リモートブランチ	・リモートリポジトリの中にある
リモート追跡ブランチ	・ローカルリポジトリの中にある ・リモートブランチをローカルにミラーリング（コピー）しただけのもの ・読み取り専用
ローカルブランチ	・ローカルリポジトリの中にある ・普段コミットするブランチ

プルの正体はフェッチ+マージ

プルは、実はフェッチ(fetch)という機能とマージとを合わせたものなのです。どういうことなのか、図解で見てみましょう。

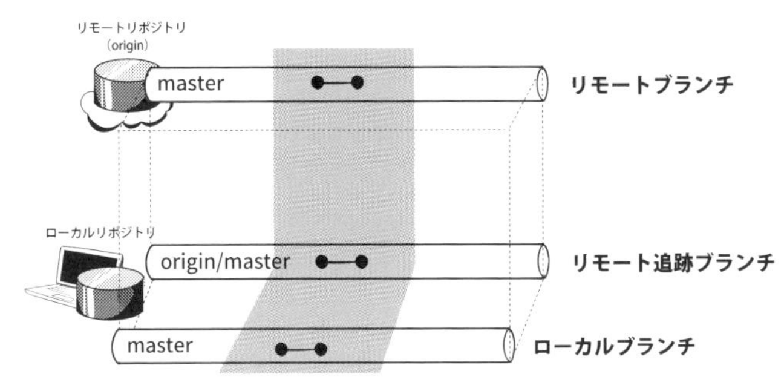

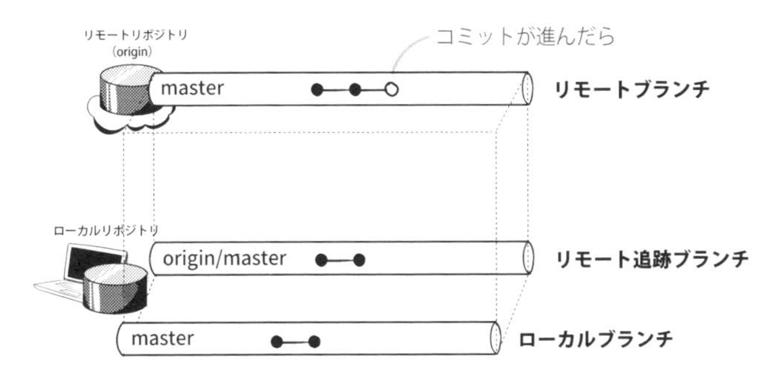

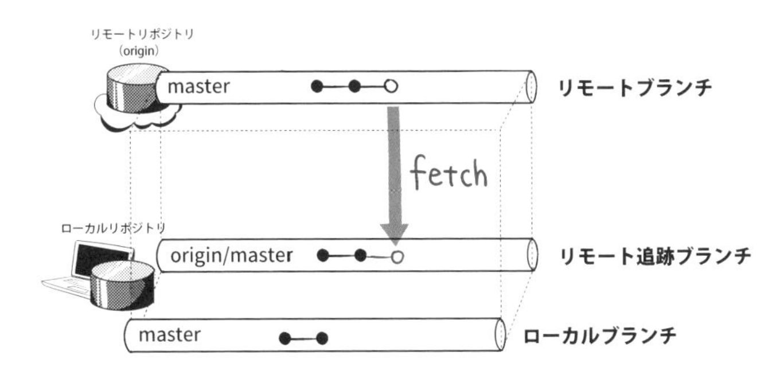

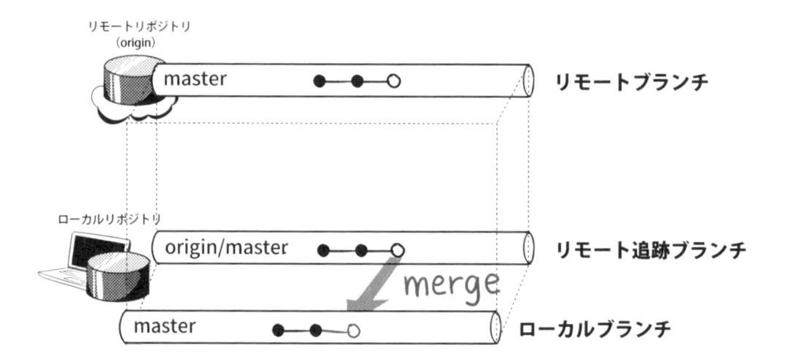

この2工程をまとめてやってくれるのがプルです!

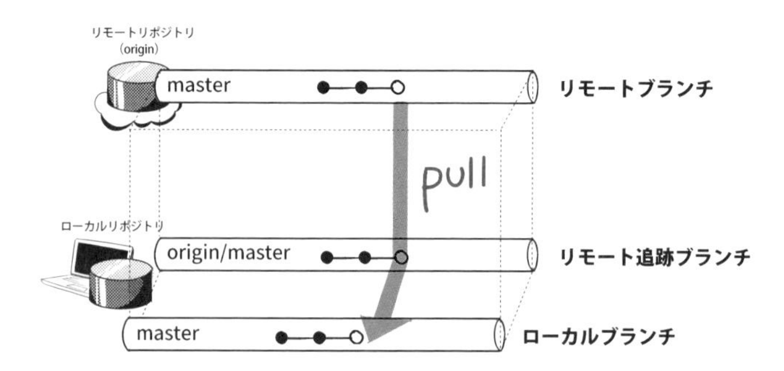

なるほど、プルは2工程をまとめてやってくれてたんだね。

でも、まだわからないことがあるよ。さっきから図解の中にある、「origin」って何?

それはリモートリポジトリの呼び名よ。リモートリポジトリをクローンしてくると、デフォルトでoriginと名付けられるのよ。「自分のパソコン上で、そのリモートリポジトリをどう呼ぶか」というだけの話だから、好きな名前をつけることもできるわ。

へぇ~。じゃあoriginじゃなくてrepoAでもrepoBでもいいし、wakabaでもいいんだね。

う~ん、まぁわかばちゃんが識別しやすい名前ならなんでもいいんじゃないかしら。

リモートリポジトリから最新の状態を取得したい(フェッチ)

リモートリポジトリの状況は知りたいけど、まだローカルブランチには反映させたくないなぁ。もしかして、さっきエルマスさんが教えてくれたフェッチっていう機能を使えば、できるかな?

リモートリポジトリから最新の状態を取得する方法

「リモートリポジトリの最新の状態は取得したいけれど、まだローカルブランチには反映させたくない」という場合は、フェッチを使いましょう。

◆ GitHub上で直接コミットする

まず、誰かがコミットしたという想定で、自分自身でリモートリポジトリに直接コミットしましょう。

❶ 次のURLをブラウザで表示し、README.md(1)をクリックします。

URL https://github.com/自分のアカウント名/mao-seminar/

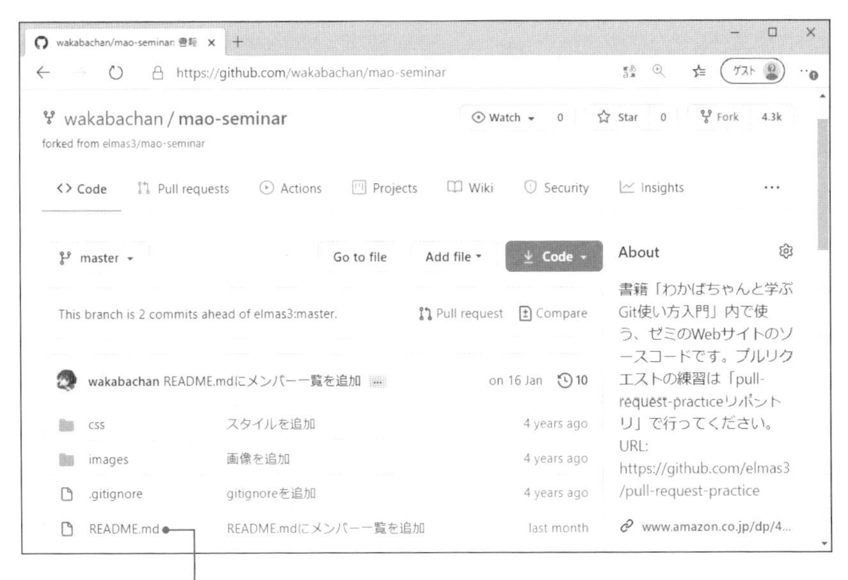

❷ ペンの形のアイコン(1)をクリックします。

❸ 直接編集可能な画面になります。例として、大学名を追加します(1)。

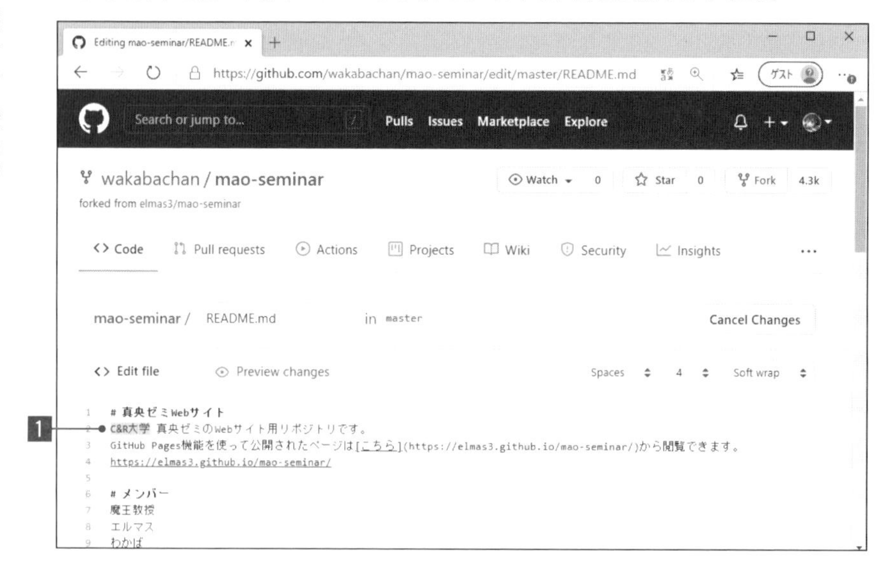

❹ 編集が終わったら、画面を下にスクロールしたところにある[commit changes]ボタン(1)をクリックします。これでGitHub上でのコミットは完了です。

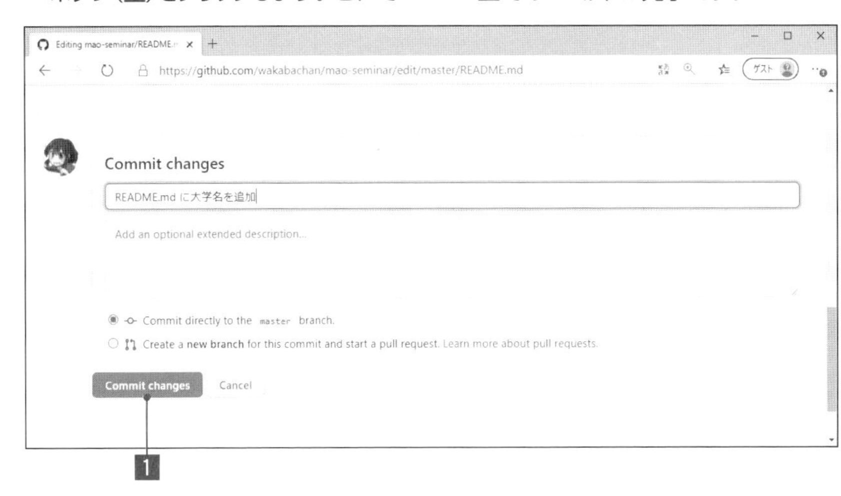

◆ フェッチする

さて、ここでフェッチしてみましょう。

❶ SourceTreeの画面上部の「フェッチ」アイコン(1)をクリックし、[OK]ボタン(2)をクリックします。

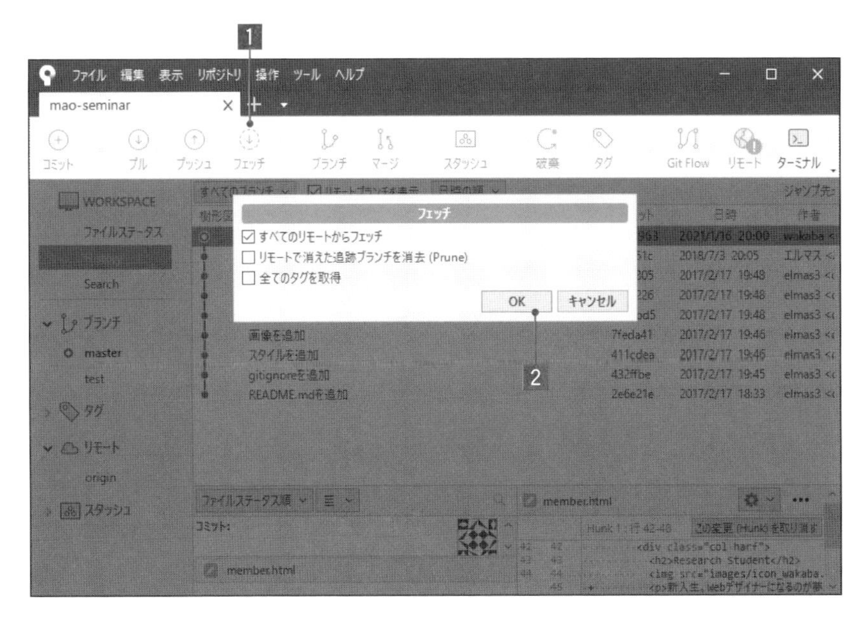

❷ 先ほどGitHub上で作ったコミットがダウンロードされてきました!

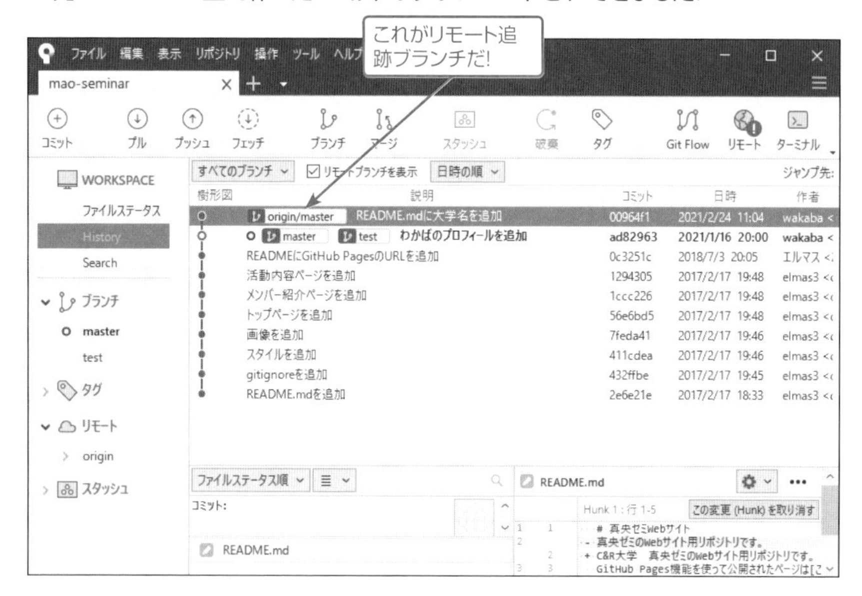

今は、次のような状態です。

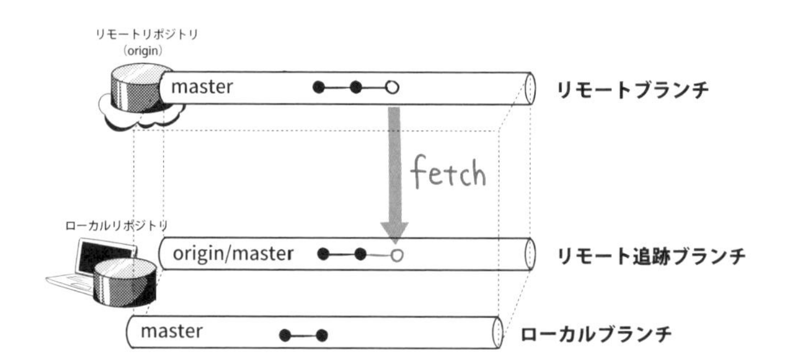

リモート追跡ブランチをローカルブランチにマージする

フェッチしただけだと、リモート追跡ブランチ（origin/master）にコミットがダウンロードされただけで、ローカルブランチ（master）は更新されていません。

リモート追跡ブランチの内容をローカルブランチに反映させたくなったら、次の通りに操作します。

❶ masterブランチにチェックアウトしていることを確認します（1）。

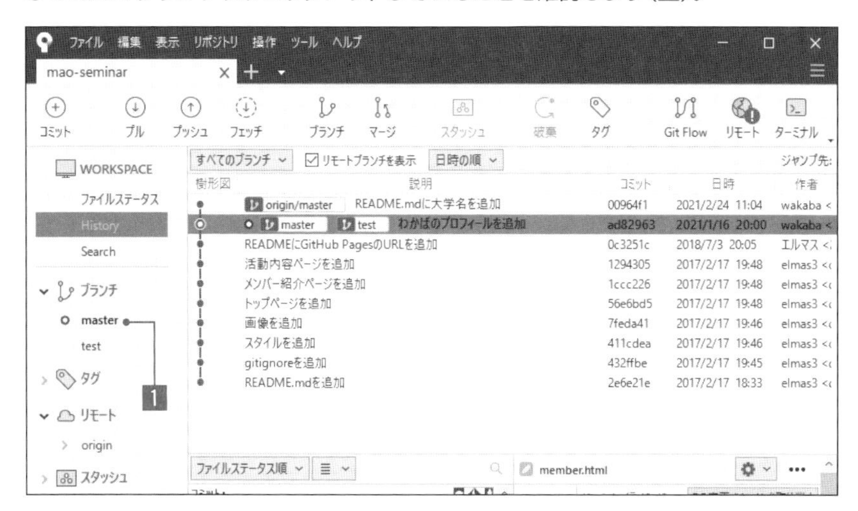

❷ origin/masterブランチを右クリックして［マージ］（1）を選択します。

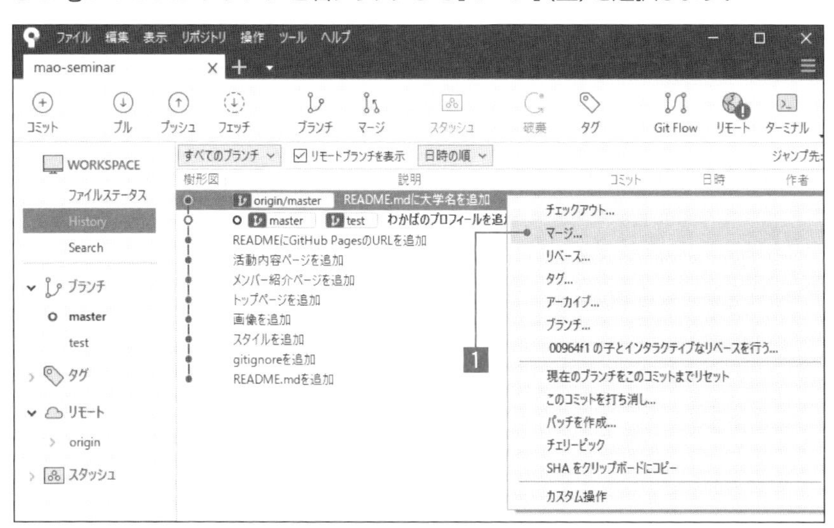

❸ おめでとうございます! これでリモートリポジトリとローカルリポジトリの状態が揃いました。

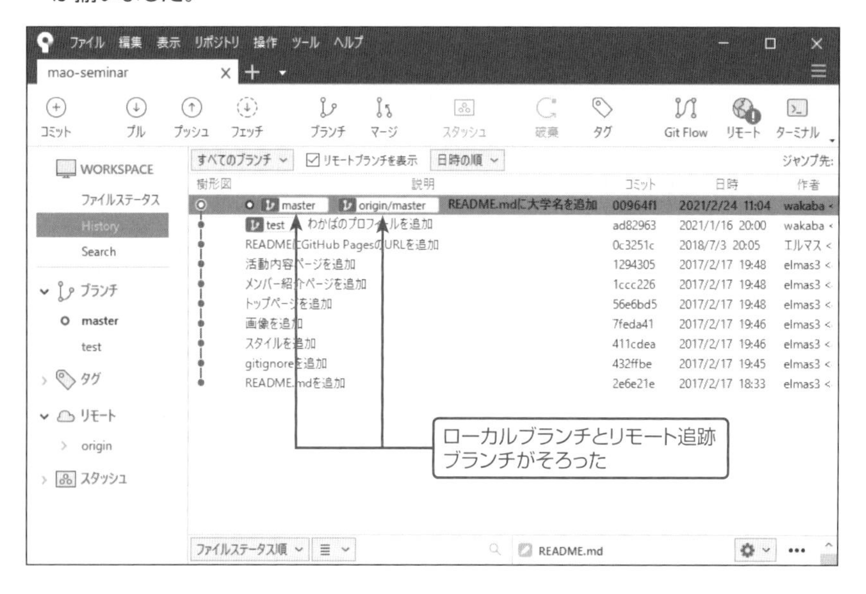

これで次のような状態になりました。

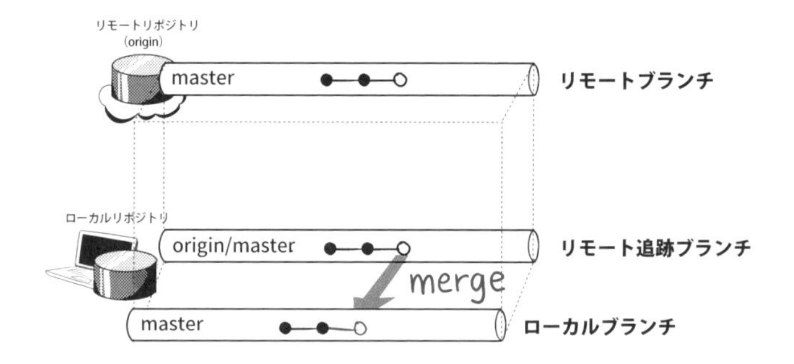

フェッチの後でマージをしたら、プルと同じ結果になった! エルマスさんが教えてくれた通りだね。

◆コマンドで操作する場合

本節の操作を行うコマンドは次のとおりです。

```
$ git checkout master ← masterブランチにチェックアウトする

$ git fetch ← リモートリポジトリの全ブランチを
              リモート追跡ブランチの上にダウンロードしてくる

$ git merge origin/master ← リモート追跡ブランチをローカルブランチに
                            マージする
```

まとめ

- フェッチは、リモートリポジトリから更新内容をダウンロードしてきて、ローカルリポジトリ内のリモート追跡ブランチを更新する
    - つまり、リモート追跡ブランチ(origin/○○)が更新されるだけ
    - この時点ではローカルブランチは更新されていない
- マージすることで、はじめてローカルブランチが更新される
- フェッチとマージを合わせた機能がプル

フェッチのおすすめタイミングは、作業を始める直前だ。昼休憩中や寝ている間に、誰かが新しくコミットを進めているかもしれないからな。

リモートリポジトリの更新状況は知りたいけど、ローカルブランチにはまだ反映させたくないというときに便利ね。こまめにフェッチすることで、事故を防げるわよ。

SECTION 23 不要になったリモート追跡ブランチを削除したい(プルーン)

必要なくなったブランチが
増えてきて
ややこしくなってきたぞ
ローカルリポジトリの
リモート追跡ブランチ
origin/master
マージ済で
もう
使ってない
origin/profile
origin/fix-css
origin/add-images
…
そこで
pruneオプションよ
プルーン
リモートリポジトリで
すでに消されたブランチを
profile
fix-css
add-images
origin/profile
origin/fix-css
origin/add-images
ローカルリポジトリでも
一掃してくれるオプションだ!

もう使わないブランチは、残しておいても見づらくなるだけだし、消しておこうっと。

他のブランチにマージされて不要になったブランチは、簡単に削除することができます。

※各チームのリポジトリの運用方法に配慮して削除しましょう。

不要になったリモートブランチを削除し、ローカルにも反映する

今、次のような状態だとします。

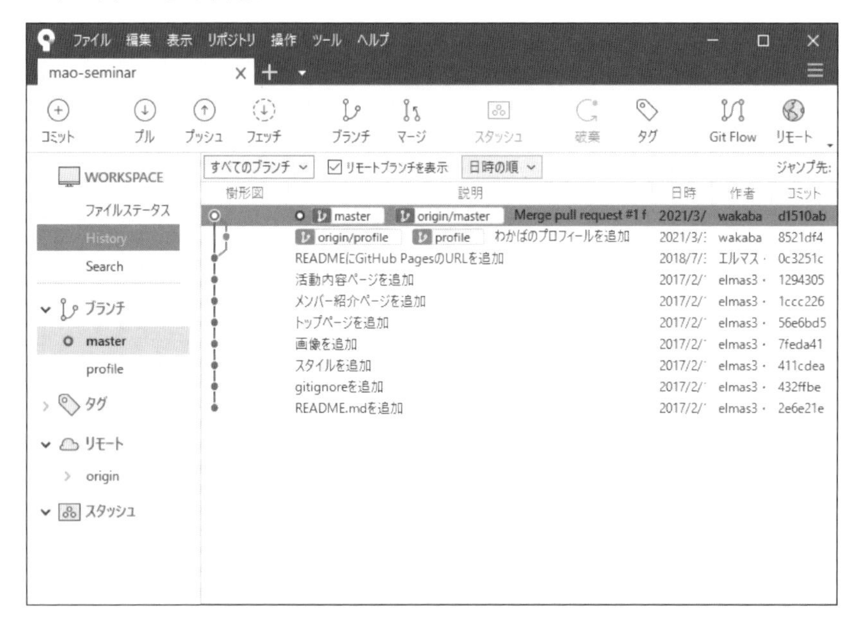

profileブランチはすでにマージされているから、もう必要ないよね。

リモートブランチを削除する方法は次のとおりです。

❶ GitHubでリモートリポジトリを開く

❷ ブランチ一覧からクリックで削除する

❸ SourceTreeでフェッチして、リモート追跡ブランチの削除を反映する

❹ SourceTreeでローカルブランチも削除して完了

リモートブランチは、GitHub上で削除するのが安全です。

❶まずは、GitHubであなたのリモートリポジトリ（https://github.com/自分のアカウント名/mao-seminar）を開きましょう（■1）。次に「branches」をクリックします（■2）。「branches」が見当たらないは場合は、ウィンドウの幅を広げれば現れます。

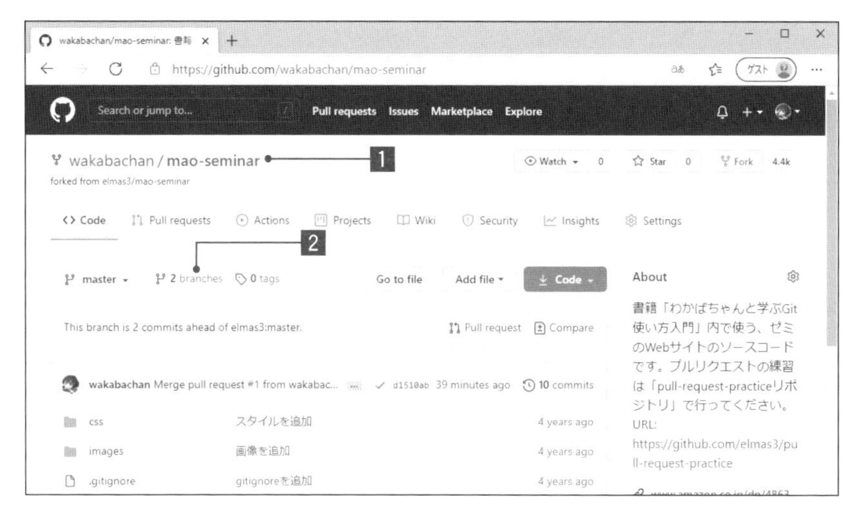

❷今、リモートリポジトリ上にあるブランチ一覧が表示されます。マージ済みのブランチは「Marged」というマークがついています（■1）。消したいブランチのゴミ箱マーク（■2）をクリックしましょう。

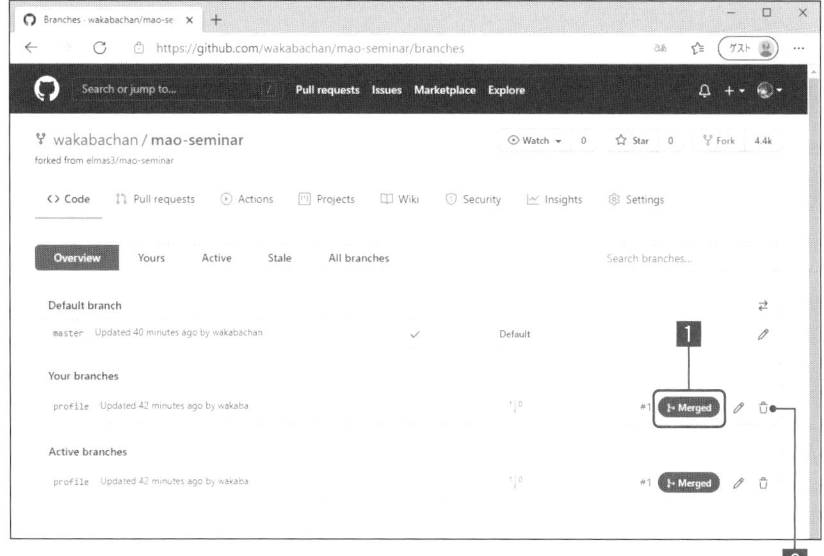

❸ profileブランチを消せました! もし間違えて消してしまっても「Restore」ボタン(1)をクリックすれば復活させられます。

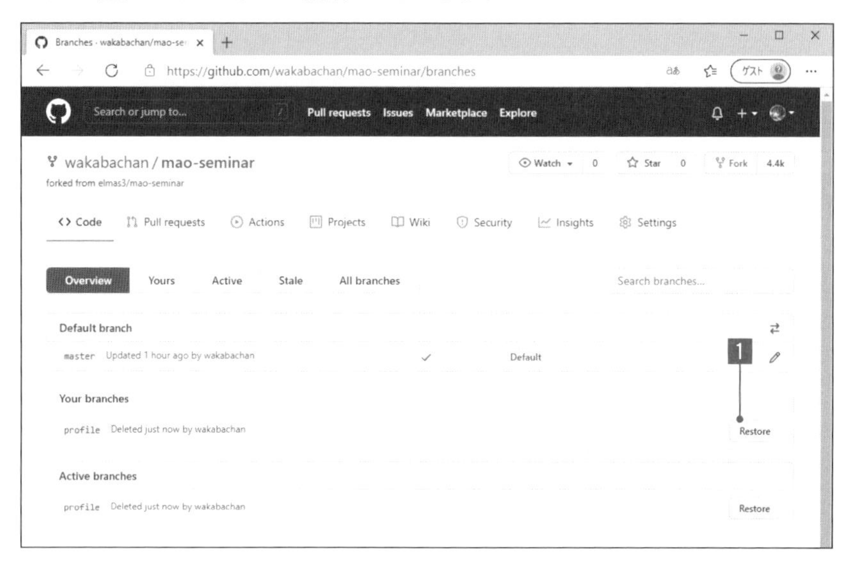

❹ 今はまだ、リモートブランチが消えただけで、ローカルリポジトリのリモート追跡ブランチは残っています。フェッチのプルーンオプションで削除を反映しましょう。SourceTreeの画面上部から「フェッチ」アイコン(1)をクリックし、[リモートで消えた追跡ブランチを消去(Prune)](2)をONにして、[OK]ボタン(3)をクリックします。

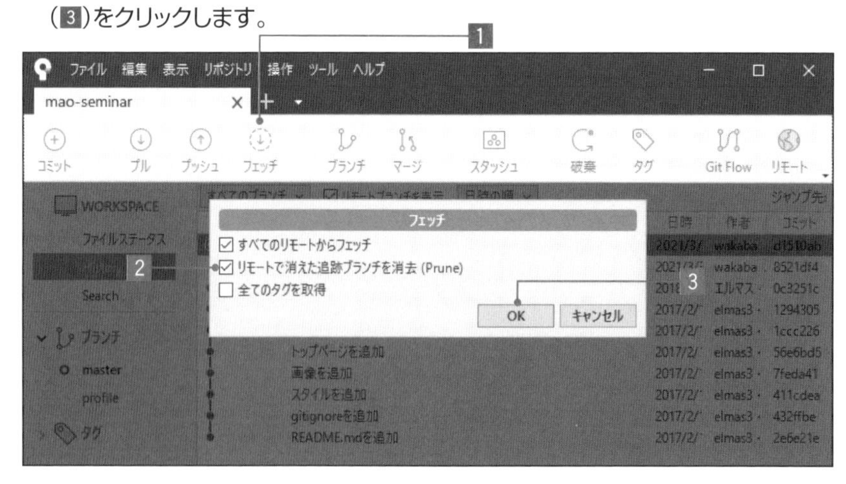

❺最後に、ローカルブランチも削除して完了です。左メニューから消したいローカルブランチを右クリックし、表示されるメニューから[(ブランチ名)を削除](1)をクリックします。

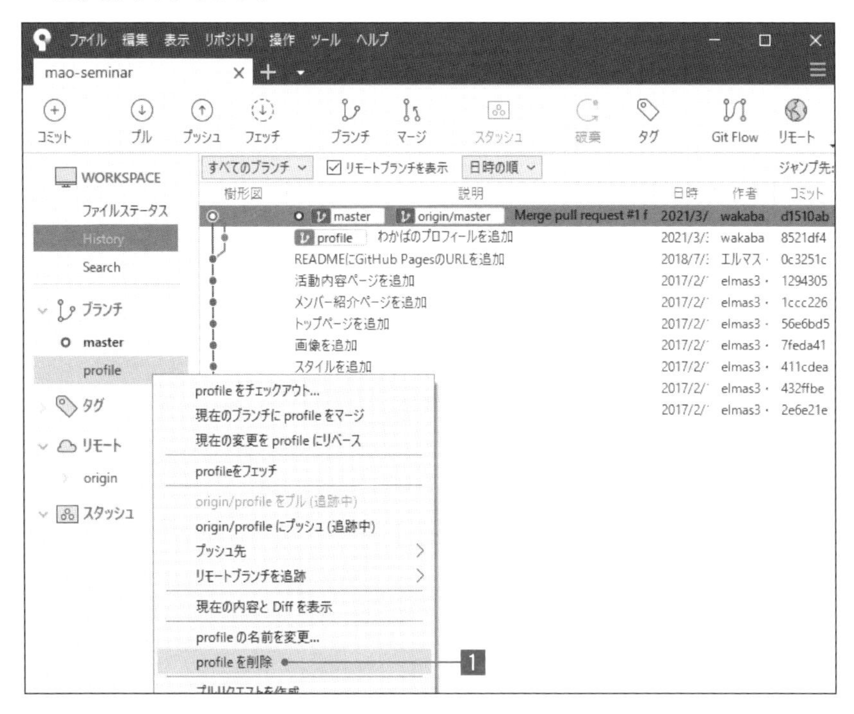

❻不要なブランチが消えて、スッキリしました!

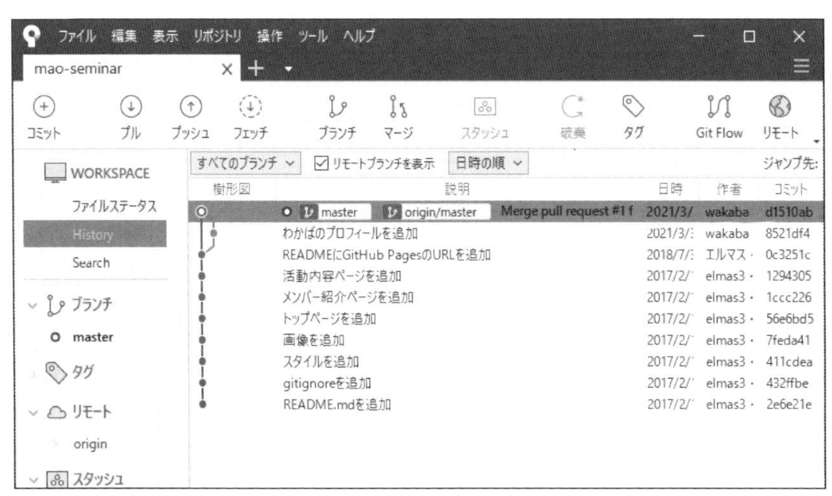

チームの誰かが親切心で、使用済みブランチを消してお掃除してくれることがあるわ。定期的にフェッチ・プルーンして、リモートリポジトリと同じ状態を保つと作業しやすくなるわよ。

◆コマンドで操作する場合

本節の操作を行うコマンドは次のとおりです。

```
$ git branch -a ← すべてのブランチを確認する(リモート追跡ブランチを含む)

$ git fetch --prune ← リモートリポジトリで消えた追跡ブランチを消去する

$ git branch -d ブランチ名 ← 任意のローカルブランチを削除する
```

「$ git fetch --prune」は、爽快感のあるコマンドだ! リモートリポジトリですでに消されたブランチを、ローカルリポジトリでも一掃してくれるぞ。

SECTION 24 直近のコミットメッセージを修正する

直近のコミットメッセージを修正する方法

直近のコミットメッセージを修正する方法は、次の通りです。

※この方法が使えるのはプッシュ前に限ります。

❶「ツイッターボタンを追加」と書き込むつもりが、タイプミスしてコミットしてしまったとします。

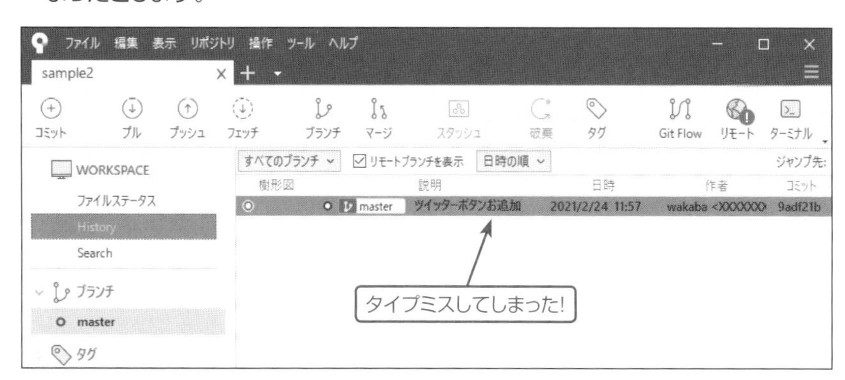

❷「コミット」アイコン(1)をクリックし、[オプションのコミット]ドロップダウンボタンをクリックして[最後のコミットを上書き(Amend)](Macの場合は[コミットオプション]ドロップダウンボタンをクリックして[最新のコミットを修正])(2)を選択します。

❸確認ダイアログが表示されます。[Yes]ボタン(1)をクリックします。

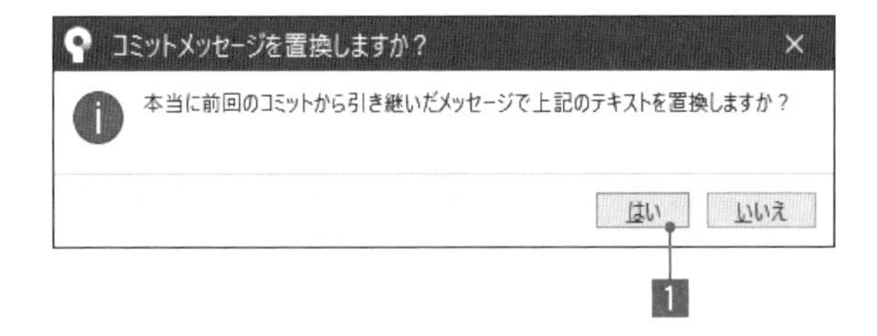

❹コミットメッセージを修正できる画面になるので、メッセージを修正(1)し、[コミット]ボタン(2)をクリックします。

❺コミットメッセージを修正できました!

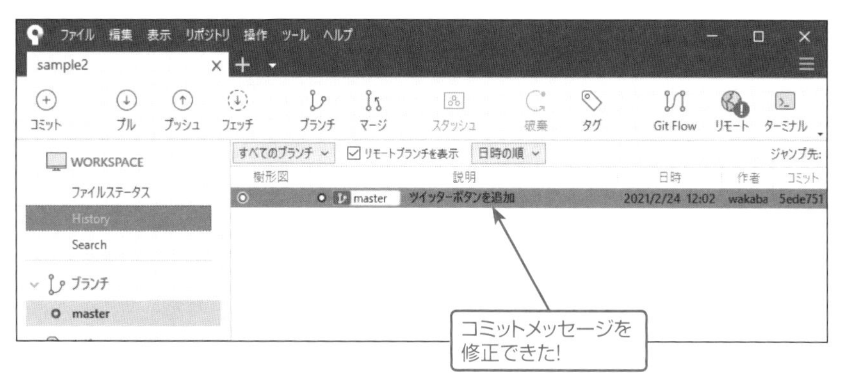

◆コマンドで操作する場合

本節の操作を行うコマンドは次のとおりです。

```
$ git commit --amend ← 直前のコミットメッセージを修正する(viが立ち上がる)
```

まとめ

- 直近のコミットメッセージは、プッシュ前ならamendで修正できる

未コミットのファイルを一時退避する（スタッシュ）

割り込み作業が発生したときに便利なスタッシュ

スタッシュ(stash)は英語で「こっそりしまう」「隠しておく」といった意味があります。その名の通り、作業ディレクトリの変更内容を、一時的に別の場所へどけておくことができます。どけておいた変更内容は、あとで復元できます。

スタッシュは、作業途中の内容を一時退避して、ブランチを移動したいときやプルしたいときに役立つわ。

「とりあえず横に置いといて〜」ができるのだ! これは便利だ!

スタッシュの使い方

流れは次の通りです。

❶ 作業途中の内容を、スタッシュで一時退避

❷ 割り込み作業をすませたら、一時退避しておいた変更内容を復元

◆スタッシュで一時退避

スタッシュを使って一時的に退避してみましょう。

❶ 今は、作業ディレクトリに未コミットのファイルがある状態です(1)。このままでは別ブランチに移動できません。作業中のファイルをステージへ載せ(2)、スタッシュ」アイコン(3)をクリックします。

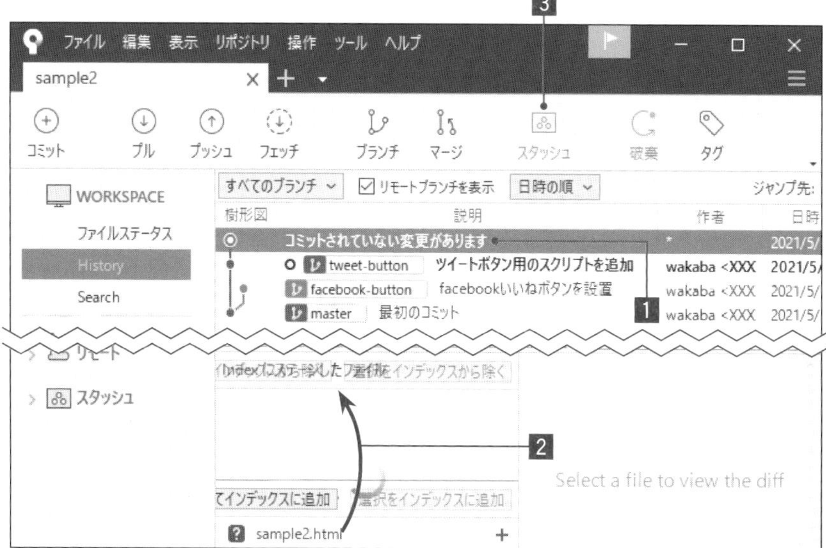

❷任意の名前をつけて(1)、[OK] ボタン(Macの場合は[スタッシュ] ボタン)(2)をクリックします。

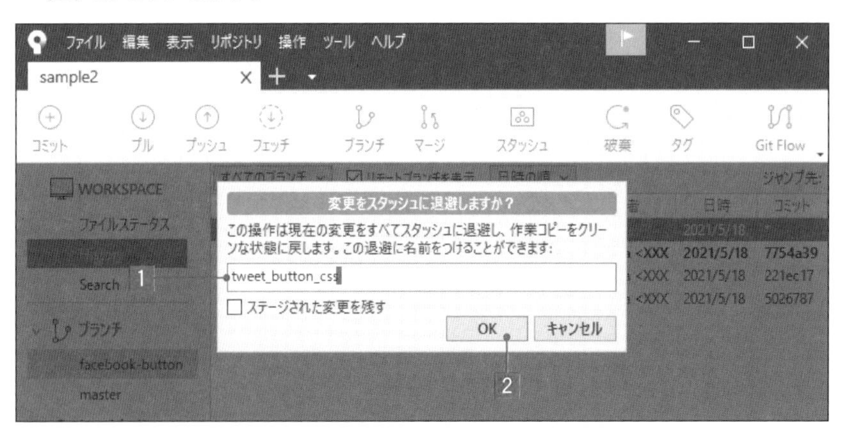

❸これで、作業ディレクトリがクリーンな状態になりました!

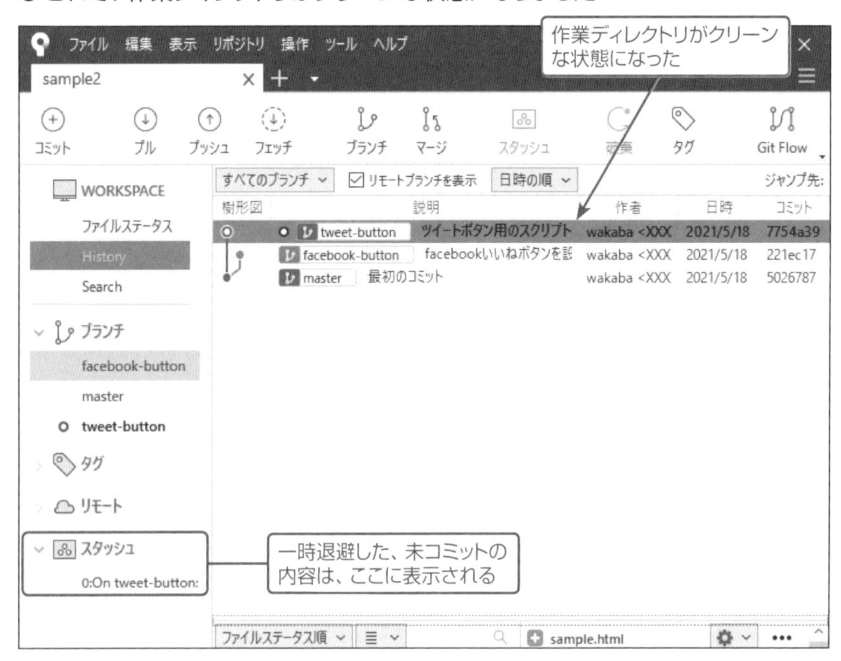

SourceTree上の「コミットされていない変更があります」という表示が消えて、別ブランチへの移動が可能になったよ!

◆ 変更内容を復元

変更内容を復元するには次のように操作します。

❶ 割り込み作業を済ませたら、元のブランチに戻ります。左サイドバーの「スタッシュ」リストから復元したい作業内容を右クリックし、［スタッシュ'【スタッシュ名】'を適用］（1）を選択します。

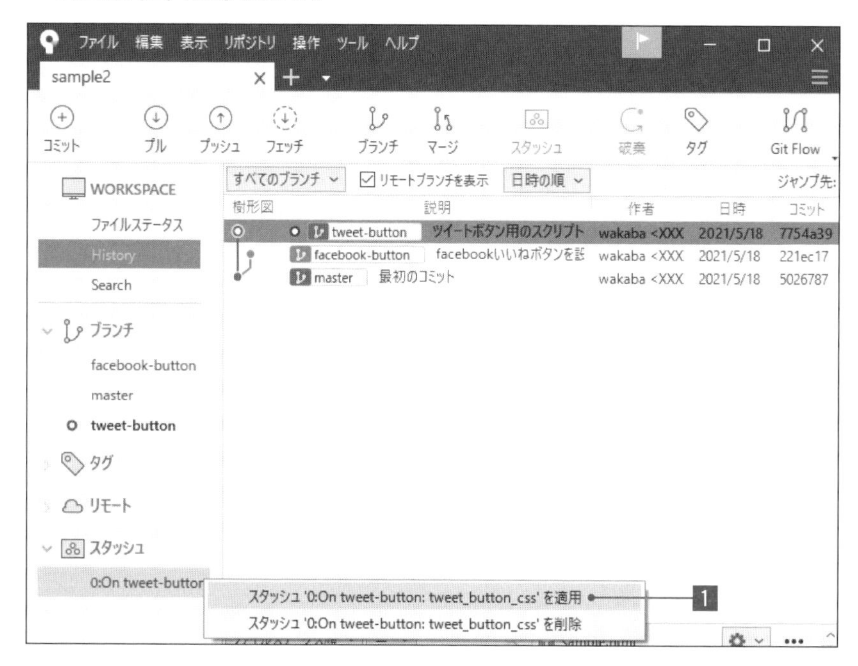

❷ 確認ダイアログが表示されます。［OK］ボタン（1）をクリックします、なお、［適用した変更を削除］（2）をONにすれば、適用と同時にスタッシュに保存しておいた変更内容を削除できます。

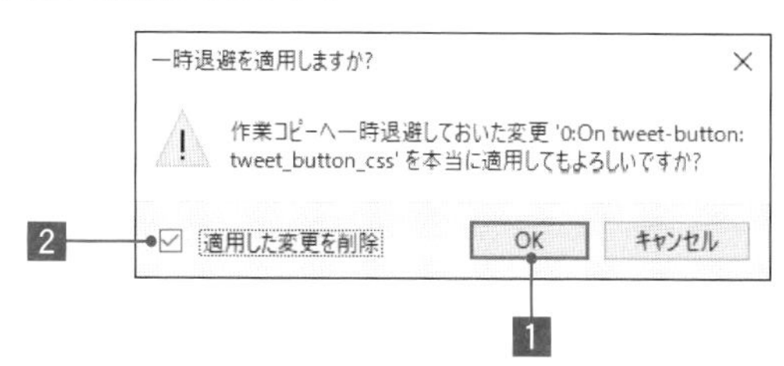

❸ 見事、一時退避した変更内容が作業ディレクトリに復元されました!

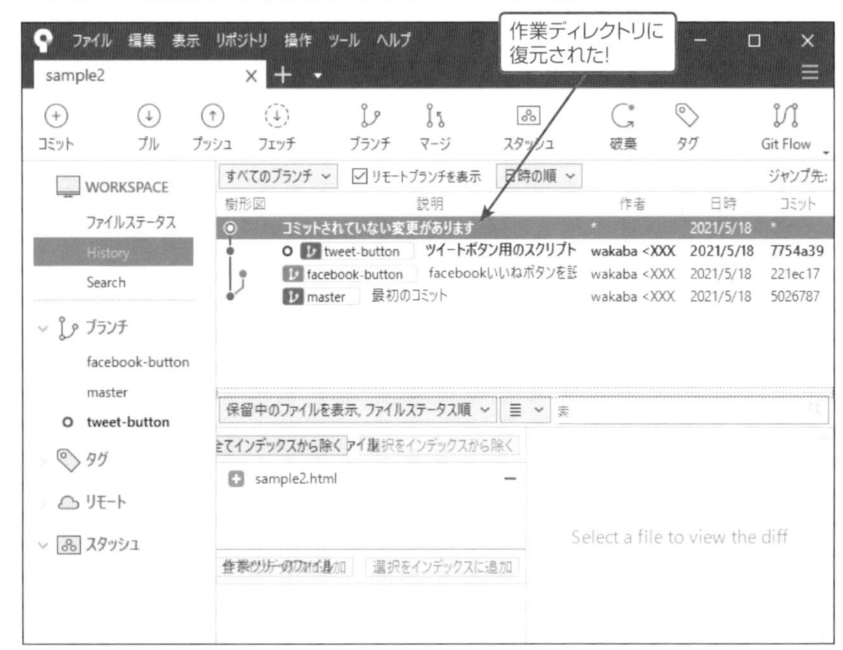

◆コマンドで操作する場合

本節の操作を行うコマンドは次のとおりです。

```
$ git stash save ← スタッシュを保存する

$ git stash list ← 過去に保存したスタッシュのリストを見る
stash@{0}: WIP on branchA: 29a8f12 add fourth line
stash@{1}: WIP on branchB: 9s06dae add second line

$ git stash apply ← スタッシュリストの一番上の変更を適用する

$ git stash drop ← スタッシュリストの一番上の変更を捨てる
```

まとめ

- スタッシュ → 未コミットのファイルを一時退避できる

別ブランチから特定のコミットのみを取り込みたい(チェリーピック)

facebook-buttonブランチにコミットするはずが、間違えて違うブランチにコミットしちゃった! どうしよう!

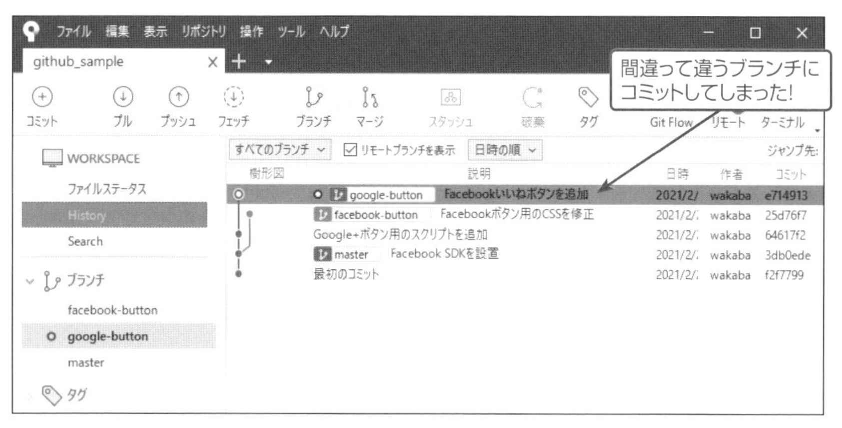

それなら**チェリーピック**(cherry-pick)を使うといい。任意のコミットを、今いるブランチの上にコピーしてこれるぞ。

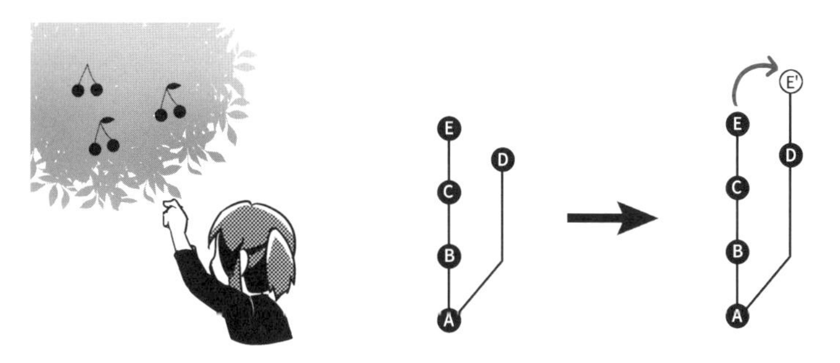

チェリーピック(cherry-pick)とは、英語の慣用句で「熟れているサクランボだけを選んで摘み取る=いいとこ取り」という意味です。その名の通り、「好きなコミットを選んで摘み取る」ことができます。

チェリーピックで特定のコミットのみを取り込む方法

チェリーピックで特定のコミットのみを取り込む方法は、次の通りです。

❶ まず、コミットを積み重ねたいブランチ(この例ではfacebook-button)にチェックアウトします(1)。その後、取り込みたいコミットを右クリックして[チェリーピック](2)を選択します。

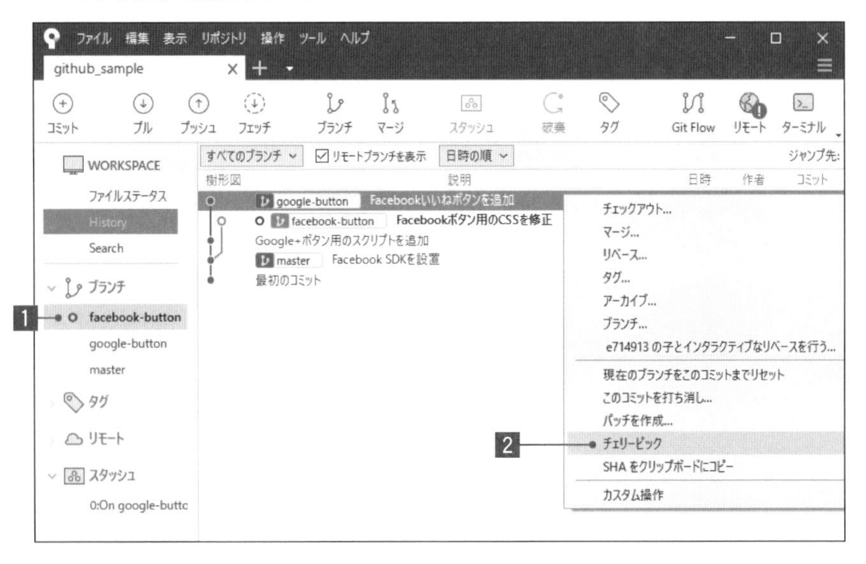

❷ 素晴らしい! 別ブランチの特定のコミットを、今いるブランチ上に積み重ねることができました。

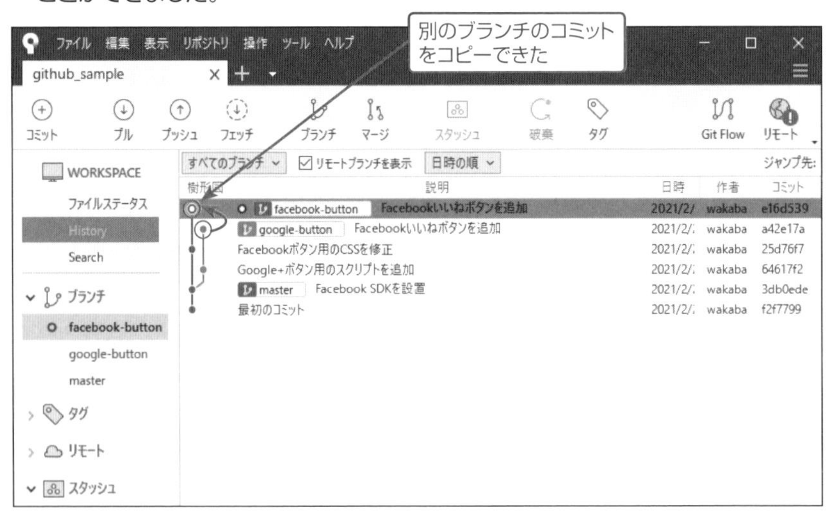

チェリーピックは、あくまでも**特定のコミットを、今いるブランチ上にコピーしてくる**だけであって、コミットを移動させるわけではないぞ。元のコミットは残ったままだ。

◆コマンドで操作する場合

本節の操作を行うコマンドは次のとおりです。

```
$ git cherry-pick コミットID ← 任意のコミットを、今いるブランチの上に
                               コピーしてくる
```

おまけ：不要になったコミットを打ち消す

不要なコミットがもう片方のブランチに残ったままですね。コミットを打ち消したい場合はリバートを使います。

❶打ち消したいコミットを右クリックし、[このコミットを打ち消し]（**1**）を選択します。

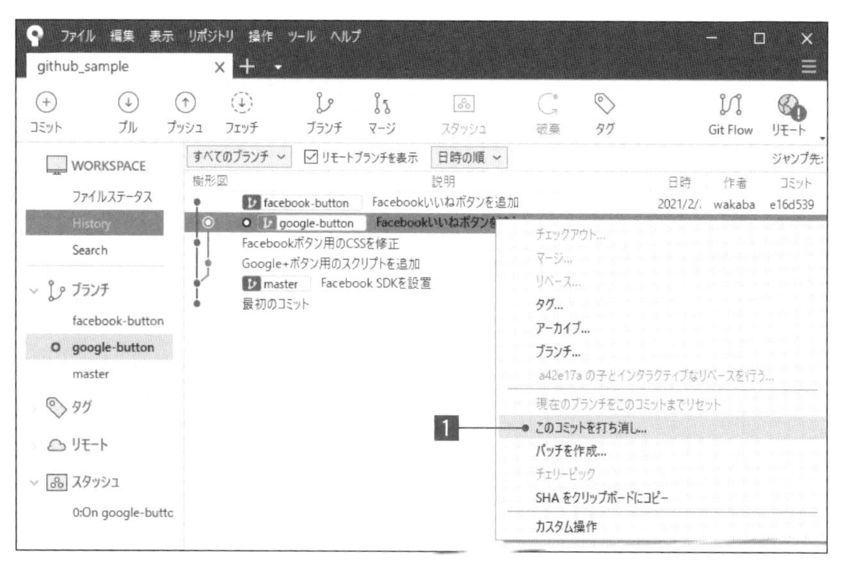

❷ 真逆の内容のコミットが作られ、無事に打ち消すことができました。

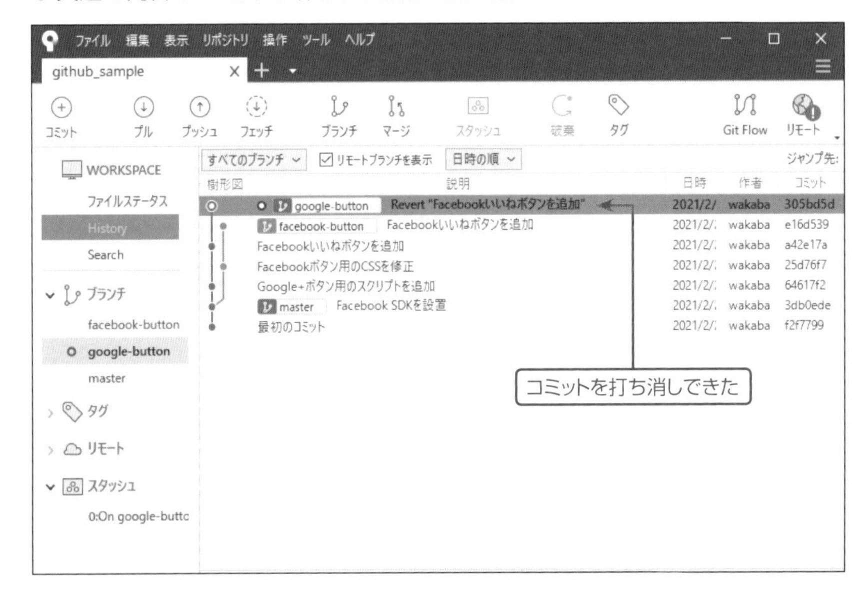

リバートについては、192ページで解説した通りね。

まとめ

- チェリーピック → 任意のコミットを、今いるブランチの上にコピーしてこれる

コミットに目印をつける(タグ)

タグとは

タグを使うと、履歴上の重要なポイントに目印をつけることができます。わかりやすい名前の目印をつけておくことで、後で履歴を探しやすくなります。

たとえば、次のようなときにタグを使うと便利です。

- アプリ開発で、リリースしたときにバージョン番号のタグをつける
- 受託開発で、納品したときに日付のタグをつける(2021-04-23)
- Web開発で、リニューアルオープンしたときにタグをつける(2021-renewal)

タグを付ける方法

タグを付ける方法は次の通りです。

❶ タグをつけたいコミットを右クリックし、[タグ](1)を選択します。

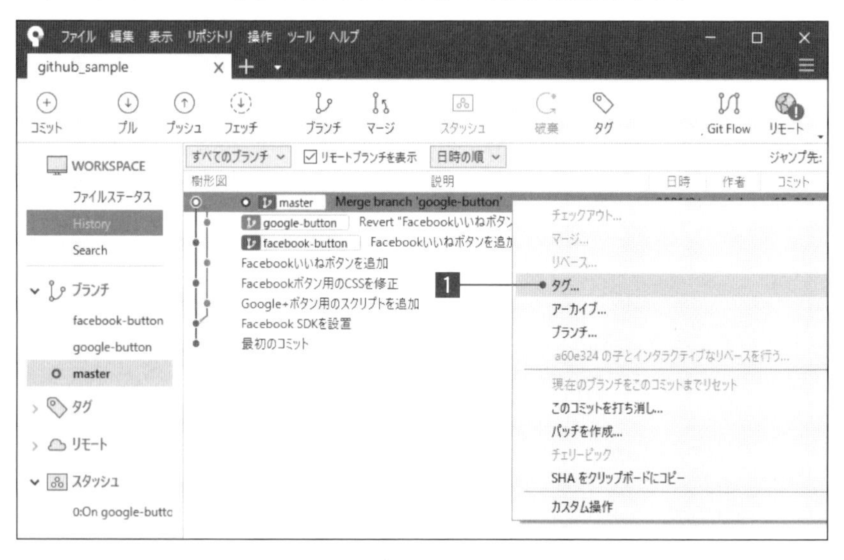

❷ 希望のタグ名を入力(1)し、[タグを追加]ボタン(2)をクリックします。

❸ タグがつきました!

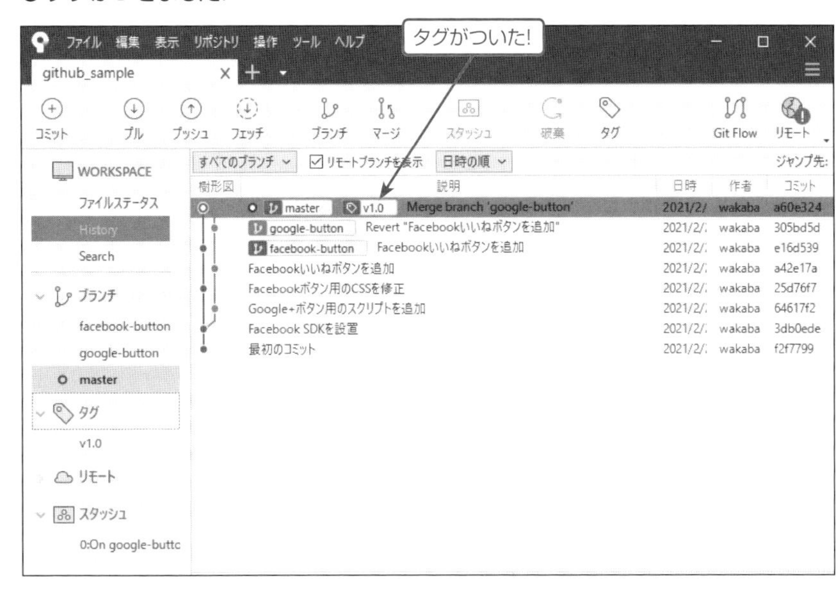

タグを削除する方法

タグを削除する方法は次の通りです。

❶ 左メニューバーの「タグ」(1)をクリックし、消去したいタグを右クリックし、[(タグ名)を削除](2)を選択します。

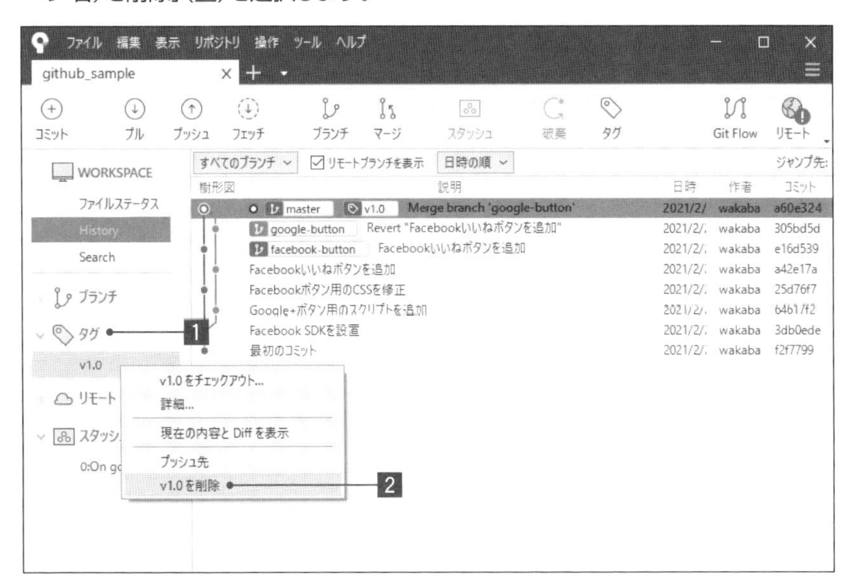

◆コマンドで操作する場合

本節の操作を行うコマンドは次のとおりです。

```
$ git tag タグ名 ← 新規タグを作る

$ git push origin タグ名 ← タグをリモートリポジトリに共有する

$ git tag -d タグ名 ← ローカルリポジトリのタグを削除する

$ git push origin --delete タグ名 ← リモートリポジトリのタグを削除する
```

まとめ

- タグで、履歴上の重要なポイントに目印をつけることができる

間違えてHEADに直接コミットしてしまったら

過去のコミットにチェックアウトしたあと、そのまま新しくコミットを作ったら、HEADっていう印が現れたよ。これって何なんだろう?

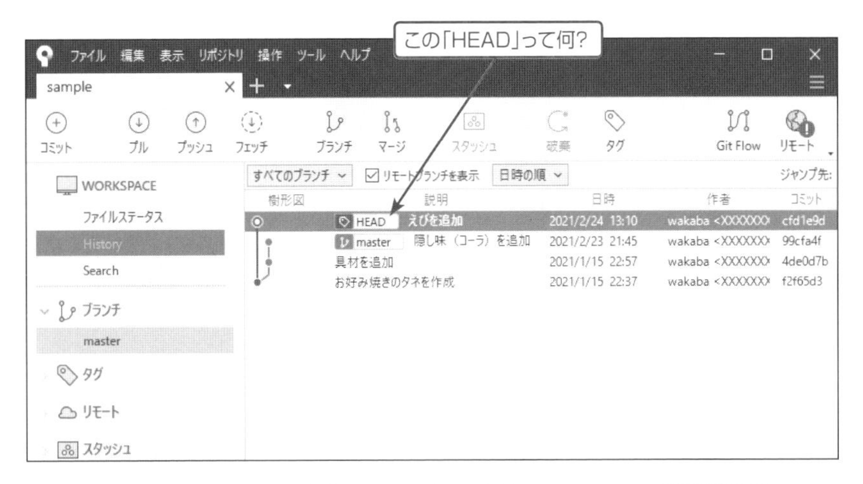

それは**detached HEAD状態**じゃないか!?

でたっちと へっど?

どのブランチにも所属しない無所属状態になったのだ。いわば無職だ。

無職!

無職のままコミットを積み重ねて、突き進むこともできるぞ。ただし、次にチェックアウトしたときに戻れなくなってしまう。なんせ目印がないからな。

じゃあどうすればいいんですか!?

簡単なことだ。無職だからいけないんだ。何かしらブランチに所属すればいい。

detached HEAD状態でコミットするとどうなっちゃうの?

detached HEAD状態でコミットするとどうなるのか見てみましょう。

通常の状態では、基本的に、HEADはブランチを指しています。

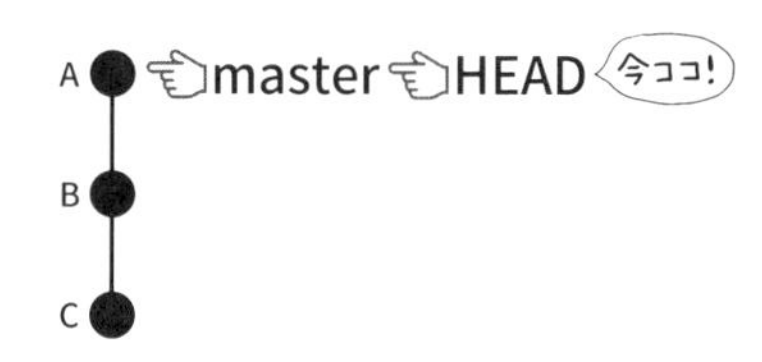

detached HEAD状態は、HEADが直接コミットを指してしまっている状態です。

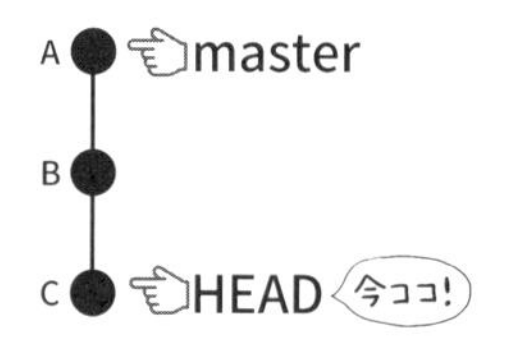

HEADが分離した状態でコミットしてみます。

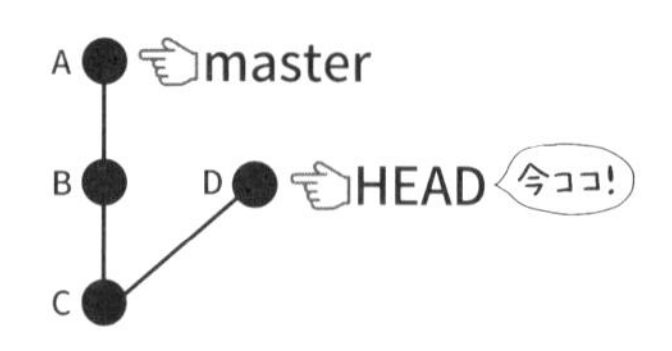

ん?　ちゃんとコミットできてるじゃん。これならmasterブランチに戻っても大丈夫だよね。

では、masterブランチにチェックアウトしてみましょう。

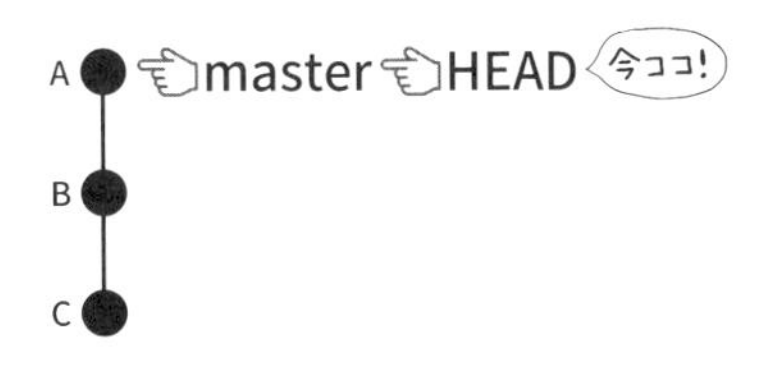

あれ!? コミットDがなくなっちゃった!

HEADに直接コミットしてしまったら、慌てず新規ブランチを作ろう

うっかりHEADに直接コミットしてしまっても大丈夫。今いるコミットを新規ブランチにしてしまいましょう。

❶「ブランチ」アイコン(1)をクリックします。ブランチ名を入力(2)して[ブランチを作成]ボタン(3)をクリックします。

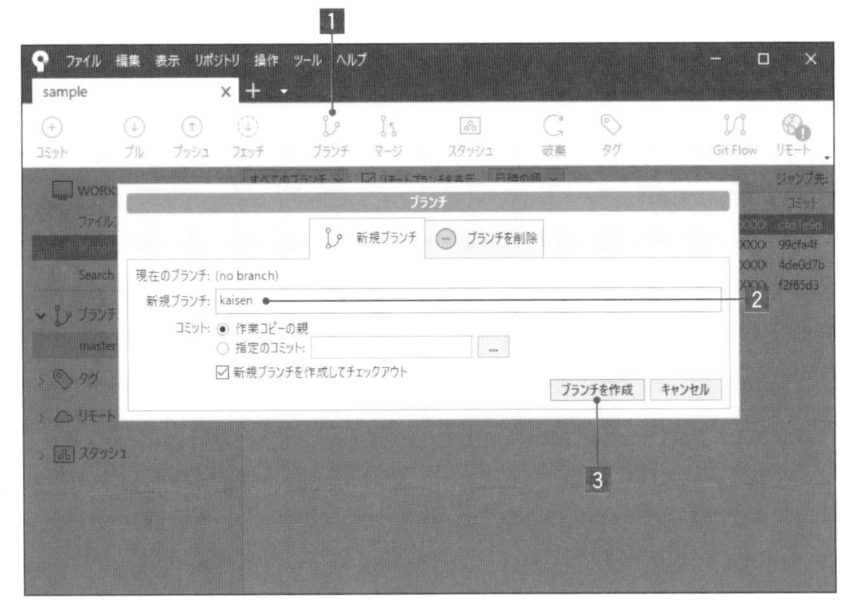

❷これで新規ブランチが作成され、detached HEAD状態が解消されました。HEADと表示されていたところが、ちゃんとブランチに変わっているのが見てとれます。

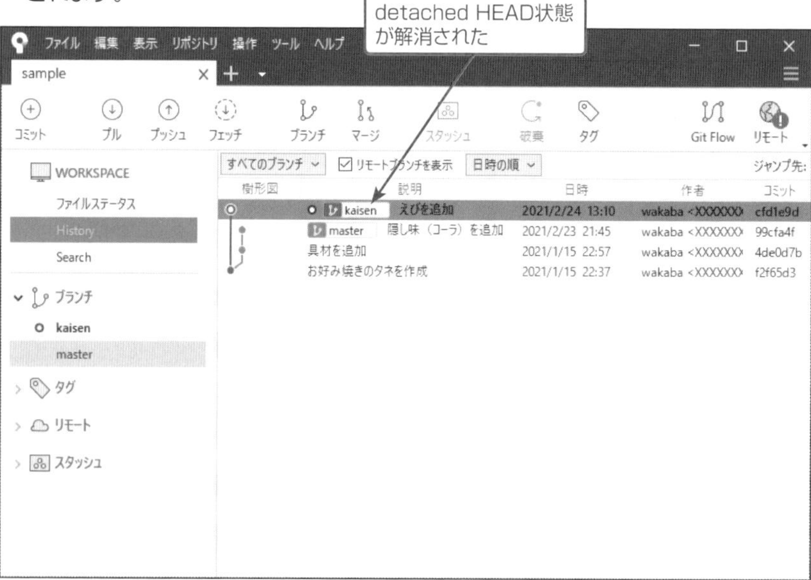

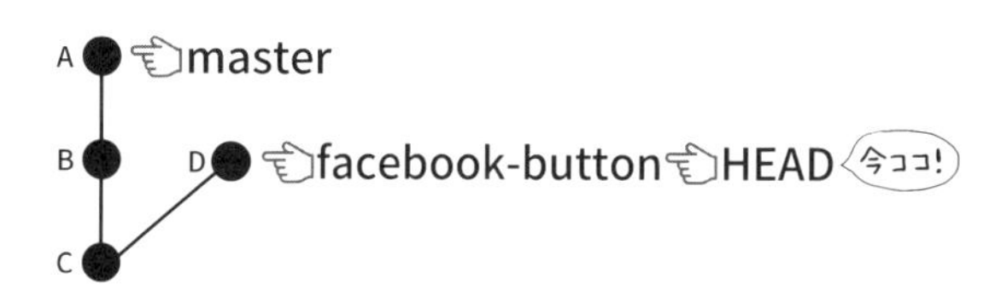

◆コマンドで操作する場合

本節の操作を行うコマンドは次のとおりです。

```
$ git checkout -b ブランチ名 ← detached HEAD状態になっていることに
                              気付いたら、そこから新規ブランチを作って
                              そっちに移動する
```

まとめ

- detached HEAD状態でコミットしない
- detached HEAD状態でコミットしてしまった場合は、慌てず新規ブランチを作ってそっちに移動（チェックアウト）する

CHAPTER 5

Gitで広がる世界

Github Pagesで Webページを公開してみよう

GitHub Pagesとは

GitHub Pages（ギットハブ ページズ）とは、GitHubが提供するWebページ公開サービスです。GitHubのアカウントがあれば、無料でWebページを公開できます。

実践：Github PagesでWebページを公開してみよう

GitHubの設定画面から、既存のリポジトリのブランチを指定するだけで、簡単にWebページとして公開できます。

※GitHub Pagesは、静的なWebページ（HTML・CSS・JavaScript）を公開するサービスです。動的なWebページは公開できません。また、プライベートリポジトリであっても、GitHub Pagesで公開設定をするとインターネット上で公開されます。

❶ 真央ゼミのWebサイトを公開設定しましょう。「(あなたのアカウント名)/mao-seminar」のリポジトリのページを開き、「Settings」タブ(1)をクリックします。

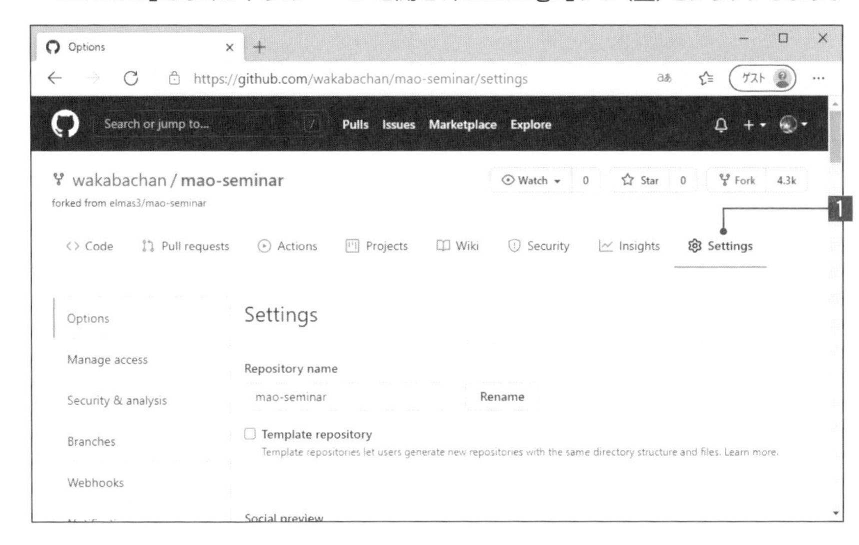

❷ GitHub Pagesの「Source」欄で、「None」ドロップダウンボタンをクリックし、[master branch](1)を選択します。その後、[Save]ボタン(2)をクリックします。

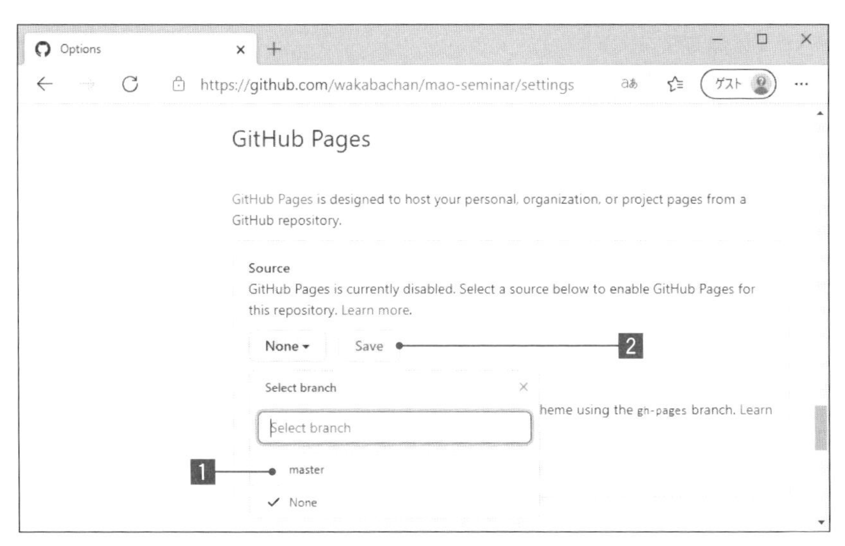

❸ 公開されたWebページを見てみましょう。URLは下記の形式になります。

URL https://自分のアカウント名.github.io/リポジトリ名

◆ Webページを更新したいときは

ソースコードを編集後、masterブランチにコミット→プッシュすれば、随時Webページが更新されます。

プッシュするだけで更新されるなんて、かっこいいね!

COLUMN GitHub Pagesでできるこんなこと!

実は、あの有名なJavaScriptライブラリ「React」の公式ドキュメントは、GitHub Pagesで作られています。

URL https://facebook.github.io/react/

他にも、ブログ用フレームワークを入れて個人ブログとして使っている人や、ポートフォリオサイトとして使っている人もいます。

アイデア次第でさまざまな使い道があるGitHub Pages。あなたのオリジナルWebサイトを作ってみると楽しいでしょう!

Gitを使うとうれしいこと

結局、Gitを使えると
何が嬉しいん
だろうね？

って
最初は
思ってたけど
今は、それだけじゃ
ない気がする

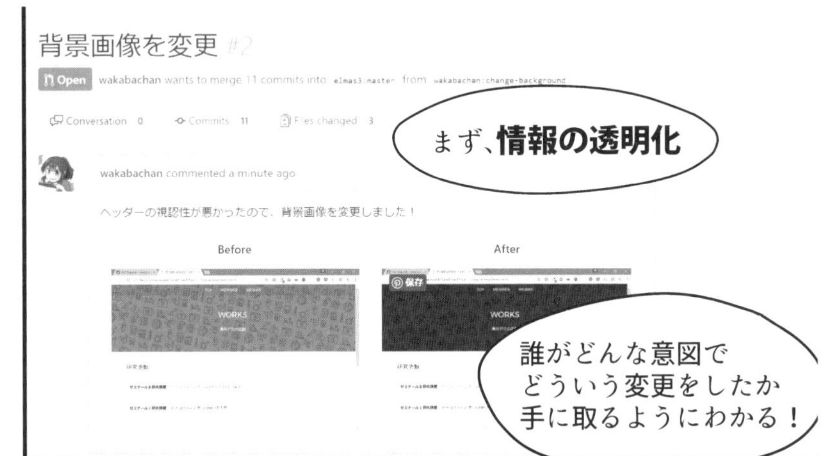
背景画像を変更 #2
Open
wakabachan wants to merge 11 commits into elmas3:master from wakabachan:change-background
Conversation 0
Commits 11
Files changed 3
まず、情報の透明化
wakabachan commented a minute ago
ヘッダーの視認性が悪かったので、背景画像を変更しました！
Before
After
WORKS
誰がどんな意図で
どういう変更をしたか
手に取るようにわかる！

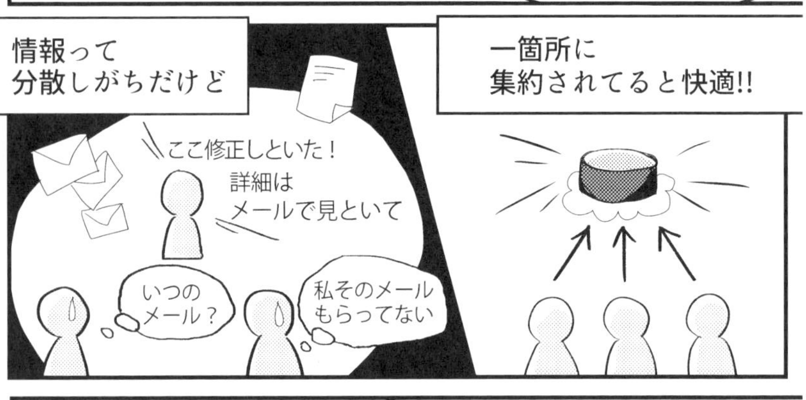
情報って
分散しがちだけど
ここ修正しといた！
詳細は
メールで見といて
いつの
メール？
私そのメール
もらってない
一箇所に
集約されてると快適!!

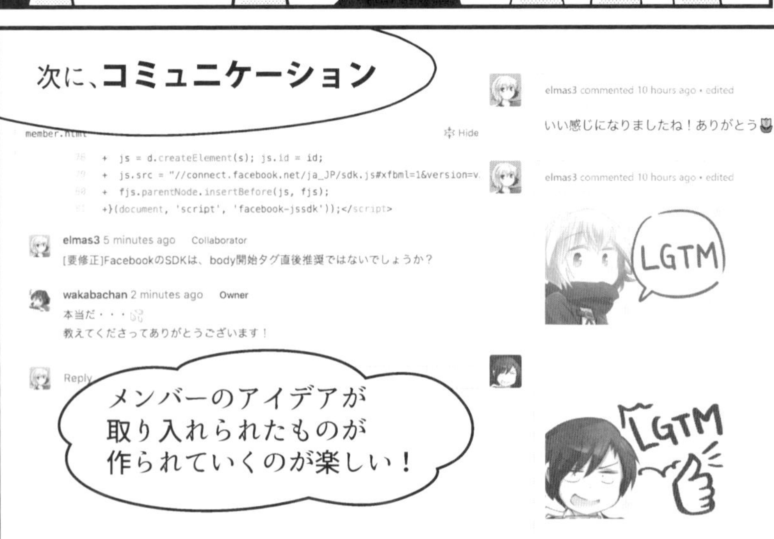
次に、コミュニケーション
member.html
Hide
+ js = d.createElement(s); js.id = id;
+ js.src = "//connect.facebook.net/ja_JP/sdk.js#xfbml=1&version=v
+ fjs.parentNode.insertBefore(js, fjs);
+}(document, 'script', 'facebook-jssdk'));</script>
elmas3 5 minutes ago Collaborator
[要修正]FacebookのSDKは、body開始タグ直後推奨ではないでしょうか？
wakabachan 2 minutes ago Owner
本当だ・・・
教えてくださってありがとうございます！
Reply
メンバーのアイデアが
取り入れられたものが
作られていくのが楽しい！
elmas3 commented 10 hours ago • edited
いい感じになりましたね！ありがとう
elmas3 commented 10 hours ago • edited
LGTM
LGTM

はじめはGitって
得体が知れなかったけど
もうGit無しの生活には
戻れないや〜

魔王教授も、最初は
怖い人だと思ってたけど
いにしえの
手動バックアップ…
私の右目が
うずく…
意外と
普通の人
ですよね
ガーン!!
HP
話してみたら
割といい人だったし

加えて
GitHub上では
たくさんの
オープンソースが
公開されており
世界中の人と
コラボレーション
できるというのも
素晴らしい点じゃな

Git+GitHubがもたらす効果

Git+GitHubがもたらす効果には、次のようなものがあります。

◆効率的にコミュニケーションができる

エンジニア・Webデザイナー・ディレクター、全員が同じツールを使うことで、情報の行き違いや伝達漏れが減ります。

- チームの誰もが、今のプロダクトの状態・今ディスカッションされていることを確認できる
- プルリクエストを送って自分から提案していくことができる
- また、そのプルリクエストに対し、いろいろな人の手や意見が入り、チームの合意ができたところでマージされる　→　**意思決定プロセスの民主化!**

「自分が知らないうちに重要な変更がなされていた」という問題も減るよね。

皆がフラットな立場で、意見交換・意思決定できるって、素晴らしい!

◆新しく参加した人でもすぐにプロジェクトに入っていける

ソースコードの変更履歴と合わせて「なぜそうしたのか」という理由がコードレビューやイシューに記録されているので、新しく参加した人でもすぐにプロジェクトに入っていけます。

変更履歴+その理由がすべて記録されている……!　よく考えてみれば、これはすごい財産だよね!

その有用性から、GitHubはコードの管理以外にも使われているよ。たとえば、ホワイトハウス。なんと、GitHubに政策文書のリポジトリを公開しているんだよ!　他にも、社内の法務文書や、書籍の原稿執筆にも使われているよ。そうそう、この本の原稿もGitHubで……

え?　何か言った?

ううん、なんでもない!

COLUMN オープンソース/ソーシャルコーディングの世界

インターネットの世界では、自分で作ったソフトウェアを無償で公開したり、他人が公開したソフトウェアを改良して修正版を再配布したりする文化があります。これをオープンソース活動といいます。最近ではソーシャルコーディングと言ったりもします。

GitHubでソフトウェアを無償公開しておくと、海の向こうの人が勝手にフォークして改良してプルリクエストを送ってくれることがあります。

ここで監修者(DQNEO)の個人的な体験を紹介します。

Amazon-S3-ThinというPerlのライブラリを作って、CPAN(Perlの公開ライブラリ集)とGitHubに公開していました。

URL https://github.com/DQNEO/Amazon-S3-Thin

▼Amazon-S3-Thinのリポジトリ

DQNEO / Amazon-S3-Thin　Unwatch 1　Star 4　Fork 3

<> Code　Issues 0　Pull requests 1　Projects 0　Pulse　Graphs　Settings

A thin, lightweight, low-level Amazon S3 client http://search.cpan.org/dist/Amazon-S3...　Edit
Add topics

249 commits　1 branch　15 releases　3 contributors

Branch: master　New pull request　Create new file　Upload files　Find file　Clone or download

DQNEO Checking in changes prior to tagging of version 0.16.　Latest commit 5228981 on 8 May 2015

lib/Amazon/S3	Checking in changes prior to tagging of version 0.16.	2 years ago
samplecode	Checking in changes prior to tagging of version 0.16.	2 years ago
t	Allow headers to be passed to get_object()	2 years ago
xt	new head_object() method	2 years ago
.gitignore	ignore samplecode dir	2 years ago
.travis.yml	minil new Amazon-S3-Simple	2 years ago
Build.PL	minil new Amazon-S3-Simple	2 years ago
Changes	Checking in changes prior to tagging of version 0.16.	2 years ago
LICENSE	minil new Amazon-S3-Simple	2 years ago
MANIFEST	Simple.pm -> Tiny.pm	2 years ago
META.json	Checking in changes prior to tagging of version 0.16.	2 years ago
Makefile.PL	eliminate Class::Accessor::Fast	2 years ago
README.md	Checking in changes prior to tagging of version 0.16.	2 years ago
cpanfile	new delete_multiple_objects() method	2 years ago
minil.toml	add travis badge on README.md	2 years ago

README.md

build passing

公開2カ月後のある日、見知らぬ人から2件プルリクエストが飛んできました。

▼1件目のプルリクエスト

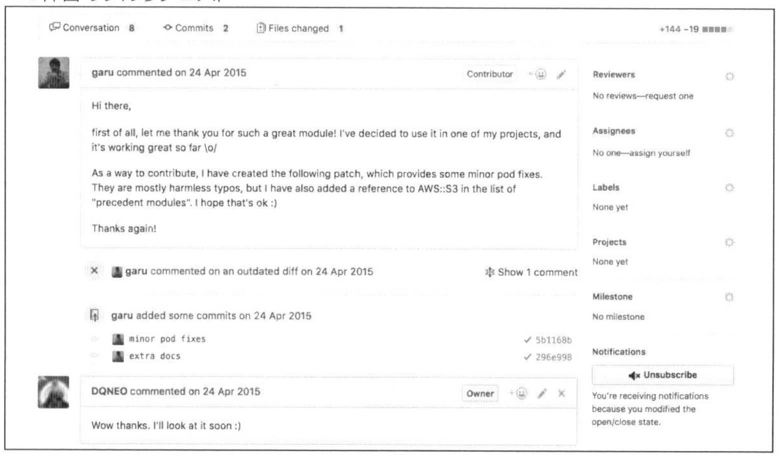

▼2件目のプルリクエスト

プロフィールを見ると、どうもブラジルのかたのようでした。海の向こうの人が私のライブラリを使ってくれている！　しかもめちゃくちゃ褒めてくれている……！

「機能が足りないから追加したよ」という提案でした。私は早速2件マージして、CPANにもリリースし、幸せな気持ちで眠りにつきました。

朝起きたら、また同じ人から今度は3件プルリクエストが来ていました。

▼さらに3件のプルリクエストが来た

1 Open ✓ 16 Closed Author▾ Labels▾ Milestones▾ Reviews▾ Assignee▾ Sort▾

allow headers to be passed to get_object() ✓ 2
#16 by stocks29 was merged on 8 May 2015

added garu https://github.com/garu ✓ 3
#15 by DQNEO was merged on 26 Apr 2015

supports "delete multiple objects" method ✓ 1
#14 by DQNEO was merged on 26 Apr 2015

Improve signatures ✓
#13 by DQNEO was merged on 26 Apr 2015

new delete_multiple_objects() method ✓ 3
#12 by garu was merged on 26 Apr 2015

general improvements to signature class ✓ 4
#11 by garu was merged on 26 Apr 2015

documenting list_objects() ✓ 3
#10 by garu was merged on 25 Apr 2015

new head_object() method ✓ 1
#9 by garu was merged on 24 Apr 2015

minor pod fixes ✓ 8
#8 by garu was merged on 24 Apr 2015

どれも素晴らしいコードでした。私は、これは夢かと思いながら3件マージしました。たった2日間ですごい量の機能が付け足されました。後で知ったのですが、Perlのコミュニティの世界では有名な方だったようです。

このライブラリはその後もちょくちょく海外の方からプルリクエストをもらっていて、自分が何もしなくてもマージボタンを押すだけで機能が増えていっています。

また、先日、大手ネット企業の方から「うちのサーバ数千台で使っています」との報告をいただき、びっくりして嬉し泣きしそうになりました。

読者の皆さんも、何か面白いものや便利なものを作ったら、ぜひオープンソースライセンスをつけてGitHubで公開してみてください。

わくわくするような出来事があるかもしれません。

APPENDIX

ふろく～
コマンド操作に挑戦!

SECTION
31

GUIとCLI

SourceTreeでの操作には
だいぶ慣れてきた
かしら？
いざというときに
コマンドが
使えると便利よ

つ、ついに
このときが…
$git add
コマンドって
各セクションの
最後に書いてあった
アレだよね…

むずかしそうに
見えるけど
大丈夫！
やっていることは
SourceTreeと
同じなのだ
$git add
リポジトリ作成とか
コミットとか

そっか!!
今までは
SourceTreeを通して
$git add
ステージ！
コマンドと同じことが
行われていただけなんだ

レベルアップしたいあなたは
一緒にチャレンジしてみてね
コマンド
使えると
カッコイイ
よね

GUIとCLIって何が違うの？

皆さんが普段パソコンを操作するとき、マウスやタッチパッドを使って、デスクトップのアイコンをクリックしたり、ファイルをドラッグしてゴミ箱に捨てたりしていると思います。これがGUI（グラフィカルユーザーインタフェース）です。

対して、キーボードでコマンドを入力してコンピュータを操作するのがCLI（コマンドラインインターフェース）です。プログラマが使っている「黒い画面」と言えばイメージが付きやすいでしょうか。

▼CLIの例：ターミナル

もともと、初期のコンピュータは、キーボードからコマンドを打ち込んで操作するものでした。1980年以降、コンピュータの処理性能が上がったことによって、直感的に操作できるGUIが普及し始めたのです。今でこそ当たり前となったクリック操作ですが、当時、米アップルコンピュータ社が発売したMacintoshにGUIが採用されていたのは革新的でした。

Gitも元来はCLIで操作するものでしたが、普及に伴って、コマンドを打ち込まずともクリックで操作できるGUIソフトが登場しはじめました。SourceTreeやVisual Studio Codeなどです。

これだけを聞くと「操作しやすいGUIがあるなら、わざわざ玄人向けのCLIを使う必要はないんじゃない?」と思うかもしれません。ところがCLIにはさまざまなメリットがあるのです。

CLIのメリット

たとえば、今から新規リポジトリを作るとしましょう。

SourceTreeの場合、ソフトを立ち上げてから[新規リポジトリ]→[ローカルリポジトリを作成]の順にクリックする必要がありました。

対して、CLIなら次のように打つだけです。

```
$ git init sample
```

これだけで「sample」という名前の新規リポジトリができてしまいます。どうですか？　簡単でしょう。

単に操作がシンプルになるだけではありません。CLIにしかできない操作もあります。GUIは初心者でも使いやすいことを目的として作られているため、基本的な操作はできるものの、複雑なことはできなかったりします。いざというとき便利なコマンド、かゆいところに手が届くコマンドが、Gitにはたくさんあるのです。

CLIのもうひとつのメリットは「人にシェアしやすい」ことです。社内ドキュメントに書いて伝えたり、Webからコピペして実行したりすることで、簡単に同じ操作ができます。

コマンドで操作してみよう

SourceTreeからコマンド画面を立ち上げよう

さっそく、コマンド操作できる画面を立ち上げてみましょう。SourceTreeで、なんでもいいので練習用のリポジトリを開きましょう。コマンド操作のアイコンをクリックします。

Windowsの場合、画面右上の「ターミナル」をクリックします。

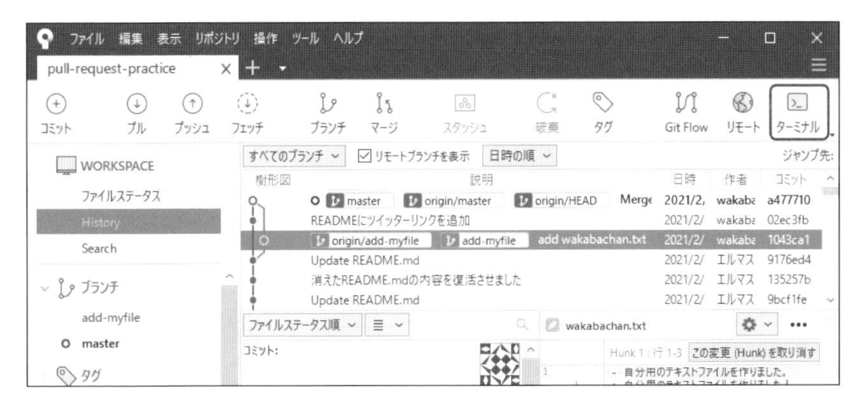

Macの場合、画面右上の「端末」をクリックします。

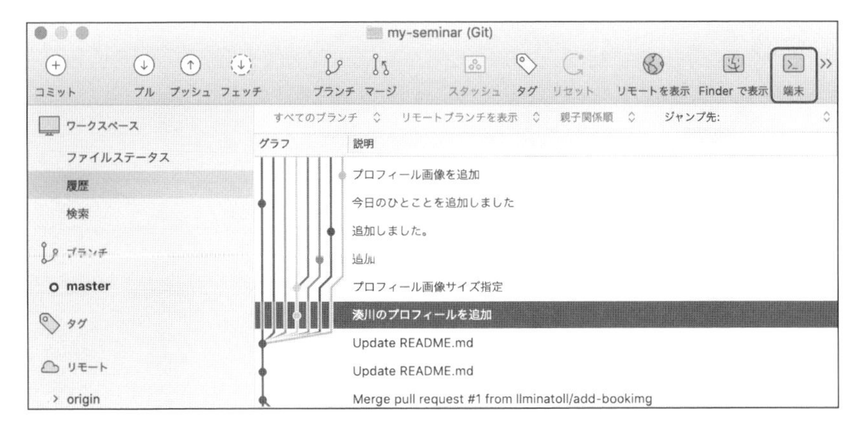

なお、ウィンドウの幅が狭いと、アイコンが表示されないことがあります。その場合は、ウィンドウの幅を広げてみてください。

コマンド操作できる画面が立ち上がりました!

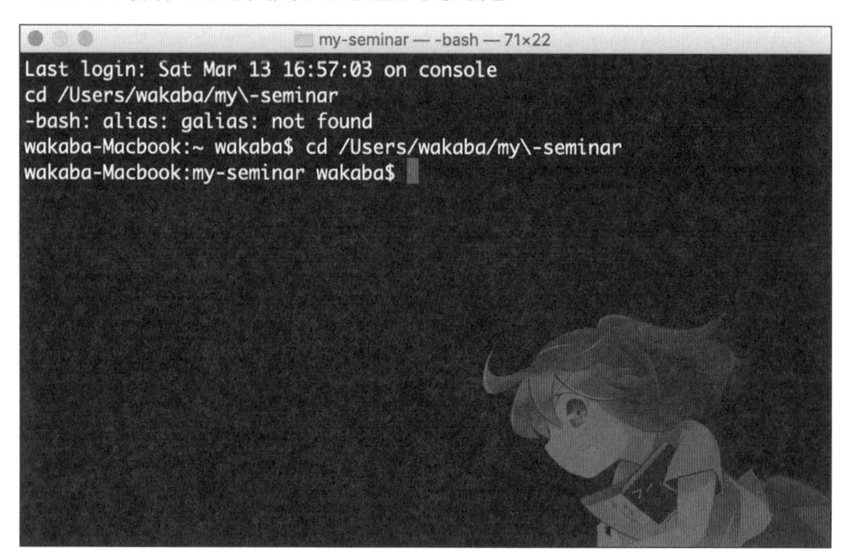

my-seminar — -bash — 71×22
Last login: Sat Mar 13 16:57:03 on console
cd /Users/wakaba/my\-seminar
-bash: alias: galias: not found
wakaba-Macbook:~ wakaba$ cd /Users/wakaba/my\-seminar
wakaba-Macbook:my-seminar wakaba$

新規ブランチを作ろう

次のコマンドを打ち込んで、練習用のブランチを作りましょう。ブランチの名前はなんでもいいですが、例として「practice」という名前にします。

```
$ git branch practice
```

作ったブランチに、チェックアウトで移動します。

```
$ git checkout practice
```

頭の「$」マークは、実際には入力しなくていいわよ。「これはコマンドラインですよ」という意味で表記しているだけなの。

サンプルファイルを作ろう

せっかくなので、テキストファイルもコマンドで作ってみましょう。

```
$ echo "卵" > sample.txt
```

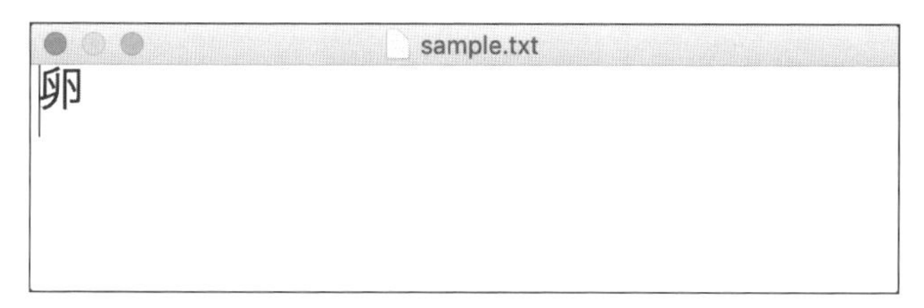

わわっ!　ファイルが作成されて、しかも内容も入力されてるよ。すごーい!

ファイルの状態を確認しよう

先ほど作った「sample.txt」をリポジトリにコミットすることを目標に進めていきましょう。

まずは「$git status」コマンドを使って、ファイルの状態を確認するんだ。

```
$ git status
```

```
wakaba-Macbook:my-seminar wakaba$ git status
On branch practice
Untracked files:
  (use "git add <file>..." to include in what will be committed)
        sample.txt

nothing added to commit but untracked files present (use "git ad
d" to track)
wakaba-Macbook:my-seminar wakaba$
```

赤文字で表示されている
＝未ステージのファイル

赤文字（誌面上では囲んであるファイル名）で表示されているのは、まだステージングエリアに載せられていないファイルです。

つまり、今は次の状態であることがわかります。

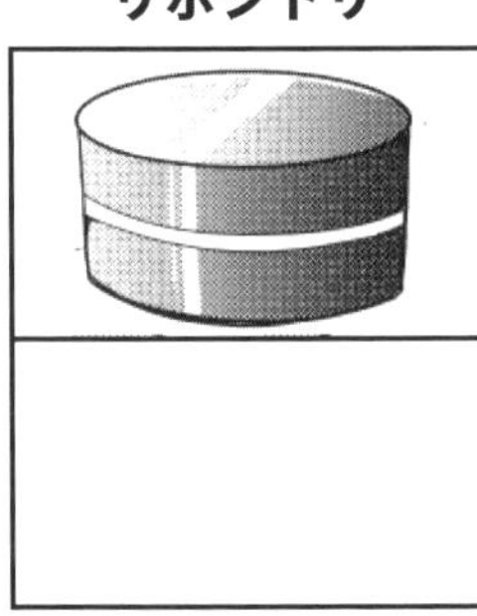

ファイルをステージしよう

では、「sample.txt」をステージングエリアの上に載せてあげましょう。

```
$ git add sample.txt
```

作業ディレクトリ　ステージングエリア　リポジトリ

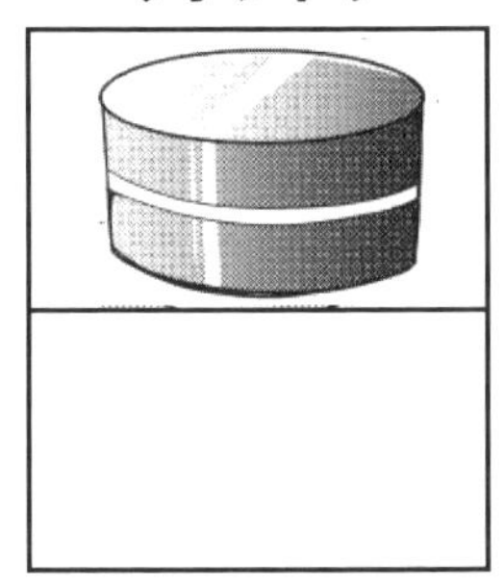

git add

「$ git add」を実行してみたけど、何も起こらないよ?

「$ git status」で、もう一度状態を確認してみたまえ。

```
$ git status
```

```
wakaba-Macbook:my-seminar wakaba$ git add sample.txt
wakaba-Macbook:my-seminar wakaba$ git status
On branch practice
Changes to be committed:
  (use "git restore --staged <file>..." to unstage)
        new file:   sample.txt

wakaba-Macbook:my-seminar wakaba$
```

緑色に変わった！ = ステージ済みで、
コミットの準備ができているファイル

おや？　さっき赤文字だったファイル名が、緑色になってる！

その通り！　緑色になっているファイルは「今ステージングエリアの上に乗っていて、コミット待ちですよ」ということを示している。

コミットしよう

いよいよコミットしてみましょう。次のコマンドで、コミットメッセージをそえて、ステージング中のファイルをコミットできます。

```
$ git commit -m "コマンドで初めてコミットしたよ！やったね！"
```

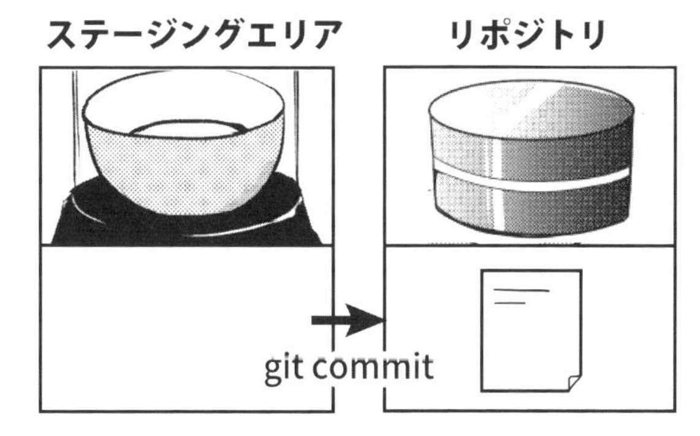

コミットログ(履歴)を見てみよう

最後に、ちゃんとコミットされたか確認してみましょう。

```
$ git log
```

```
wakaba-Macbook:my-seminar wakaba$ git log
commit b8e01a3e9e2882b16eff88a96f97f0cc7955ea76 (HEAD -> practice)
Author: llminatoll <llminatoll@users.noreply.github.com>
Date:   Sat Mar 13 18:31:54 2021 +0900

    コマンドで初めてコミットしたよ！やったね！
```

コミットが記録されている!

やったー!　コマンドでコミットできたよ!　……って、コミットログの閲覧を終了できないんですけど～!?

[Q]キーを押すと、コミットログの閲覧を終了できるわ。「Quit」(辞めるという意味)の「q」ね。

いろいろなGitコマンド

さて、ここまでで次のコマンドが使えるようになりましたね!

```
$ git status（状況を確認する）

$ git add（ステージする）

$ git commit（コミットする）

$ git log（履歴を見る）
```

ここまでやれば、各セクションの最後についているコマンドも、あなたは使えるようになっているはずです。

この本の続きのお話として『マンガでわかるGit～コマンド版～』（Webメディア『リクルートITスタッフィングエンジニアスタイル』にて2019～2020年に渡り連載）をWeb上で無料公開しています。「もっとコマンドを使いこなせるようになりたい!」という方は、ぜひご覧ください。この本で紹介しきれなかった、強力なGitコマンドも漫画で紹介しています!

- **マンガでわかるGit ～コマンド版～**

  URL https://www.r-staffing.co.jp/engineer/archive/category/マンガ・Git

▼マンガでわかるGit ～コマンド版～（全19話）

- 第1話「リポジトリの作成」
- 第2話「ブランチの概念」
- 第3話「マージの仕組み」
- 第4話「コンフリクトの修正」
- 第5話「git revert」
- 第6話「git reset 3種類」
- 第7話「git reflog」
- 第8話「git switchとgit restore」
- 第9話「git diff」
- 第10話「git cherry-pick」
- 第11話「git stash」
- 第12話「git grep」
- 第13話「git blame」
- 第14話「git remote」
- 第15話「.gitconfig でコマンドを短縮」

- 第16話「.gitconfig と .git/config で複数のGitアカウントを使い分ける」
- 第17話「prune オプション」
- 第18話「git tag」
- 第19話「detached HEAD 状態って何?」

全19話!　Web上で、どなたでも無料でお読みいただけます。

『マンガでわかるGit コマンド版』で検索するのだ!

よーし、これでもっとGitの達人になっちゃおう!

著者あとがき

本書の執筆は、ひとつのツイートから始まりました。

私はGitを学ぶのに、実はとても苦労しました。それと同時に、「きっと同じように困っている人が他にもたくさんいるはずだ」と考えました。

「理解するのに数日かかることを、短い時間でパパッと学べるコンテンツを作りたい」

そう思いつき、「マンガでわかるGit 第1話」を個人サイトにて公開したところ、いきなり、はてなブックマークで800ブックマークされました。

恐々としていたところ、リクルートキャリア様よりお声がけをいただき、CodeIQ MAGAZINEにてWeb連載が始まりました。

第3話から、エンジニアのDQNEOさんがフィードバックをくださるようになり、書籍化が決まった際に監修をお願いしたという運びです。

◆原稿をGitHubで管理

書籍化決定後、DQNEOさんの提案で、原稿をGitHubで管理し始めました。これが、とても楽しい試みでした。

▼GitHub上でのレビューの様子

Gitは、ソースコードだけでなくテキストのバージョン管理としても優秀なツールなのだなぁと実感しました。

◆"つまづきポイント"を先回りするために

私は、Gitを使い始めて以降、わからないことがあったら「つまづいたことノート」に書いてきました。なお、本書の執筆にあたっても、日々勉強しながら解説を書くという形でした。わかばちゃんが「なんでこうなるの?」と疑問に思う部分は、私が過去につまづいた部分です。

- 誰もが通るであろう"つまづきポイント"が、先回りして並べられている
- それらをマンガと図解で、楽しくスムーズにクリアしていく

そんな本になっているならば、そして読者であるあなたの"つまづきポイント"を、少しでも減らすことができたなら、こんなにうれしいことはありません。

ありがたいことに、2017年に初めて発売されたこの本は、2021年に改訂版を出していただけることになりました。4年も経つと、SourceTreeやGitHubも大きく変わるものです。操作画面の画像を、すべて新しく撮り直しました。時流に合わせて、新しく追加した漫画やコラムもあります。

表紙イラストも、新たに描きおろしました。同じ『わかばちゃんのGit本』であることは伝わりつつも、よりパワーアップ・進化した印象を表現できるよう工夫しました。

さらに「コマンドでの操作も載っていると嬉しい」という声を多くいただいたので、各セクションごとにコマンドを掲載しました。レベルアップしたい方はぜひ挑戦してみてくださいね!

この本の出版にあたり、書籍化の企画を通してくださったC&R研究所の池田武人様、吉成明久様、監修を快く引き受けてくださったDQNEO様、CodeIQ MAGAZINEでの連載をお声がけくださった馬場美由紀様、CodeIQ でお世話になったてぃーびー様、CodeIQ運営の皆様、アトラシアンエバンジェリスト長沢智治様、また、本書の制作に関わってくださったすべての皆様に、この場を借りて心から感謝申しあげます。

湊川あい

監修者あとがき

Web版『マンガでわかるGit』の第1回を見たとき、これは画期的な試みだと思いました。

Gitは決して簡単なツールではありません。コンセプトもコマンド体系も、理解するまでにはそれなりの学習を必要とします。私も初めて触ったときはわからないことだらけで、とても苦労した記憶があります。

本書では、そうした初心者がつまづくポイントがマンガで解説されています。Git上級者の脳内イメージがそのまま絵になったような素晴らしい図解もあります。この本がある程度できたとき、「ああ、自分が初心者のときにこの本があれば、あんなに苦労しなくてすんだのに」と悔やんだものです。

この本には技術的観点から2つポイントがあります。1つ目は、私がGitの内部構造をバイナリレベルで調べたり、GitのC言語のソースコードを読んで得られた知見が反映されていること。たとえば、コミット動作を写真を撮る比喩で表現した点、fetchとpullの違い、などです。2つ目は、ソフトウェア開発、特に大規模Web開発の現場でのノウハウがいかされていることです。たとえば、Github Flowやコミットメッセージの書き方などです。なので、Gitの中級者が見ても新しい発見があると思います。

改訂版ではGUIでの操作に対応するコマンドの紹介が追加されました。SourceTreeでの操作をひととおり体験した後にぜひコマンドも叩いてみてください。より理解が深まると思います。

この本をきっかけに、より多くの人にGitの便利さやそれを使ったチーム開発の楽しさを体験していただけたら幸いです。

DQNEO

Special Thanks

esa LLCの越川様・赤塚様
チームmiiraの皆様
Twitter・note・pplogで応援してくださった皆様
読み手の視点で率直な意見をくださったレビューアの皆様
第2章 背景アシスタント：太郎良もえ様
SSH接続についてレビューいただきましたangel様@angel_p_57

素材提供

- GraphicBurger

URL http://graphicburger.com/

背景素材をサンプルサイト内で使用しました。本書における素材の使用を快諾いただきましたGraphicBurger管理人Raul Taciu様に、心より感謝を申し上げます。

参考文献

書籍

『入門Git』（濱野 純・著／秀和システム）

『Web制作者のためのGitHubの教科書』
（塩谷 啓、紫竹 佑騎、原 一成、平木 聡・著／インプレス）

『Gitが、おもしろいほどわかる基本の使い方33』
（大串 肇、久保靖資、豊沢泰尚・著／エムディエヌコーポレーション）

『数学文章作法 基礎編・推敲編』（結城 浩・著／ちくま学芸文庫）

Webサイト

Git公式ドキュメント〔https://git-scm.com/〕

索引 INDEX

記号・数字

A

B

C

D

E

F

G

か行

さ行

た行

は行

ま行

ら行

わ行

■著者紹介

湊川（みなとがわ） あい

IT漫画家。高等学校教諭免許状「情報科」取得済み。
マンガと図解で、技術をわかりやすく伝えることが好き。
漫画・解説文・コーディングをトータルで担当しつつも、他のエンジニアとの共著やコラボレーションも行っている。
著書に『わかばちゃんと学ぶ Webサイト制作の基本』『わかばちゃんと学ぶ Git使い方入門』『わかばちゃんと学ぶ Googleアナリティクス』『わかばちゃんと学ぶ サーバー監視』などがある。動画学習サービスSchooにてGit入門授業の講師も担当。
その他、マンガでわかるGit、マンガでわかるDocker、マンガでわかるRubyといった分野横断的なコンテンツを展開している。

◆Webサイト
・note
URL　https://note.com/llminatoll
・pixiv BOOTH
URL　https://llminatoll.booth.pm/

◆Twitter ID
@llminatoll

◆Web連載
・マンガでわかるGit コマンド版
・【漫画】未経験なのに、機械学習の仕事始めました
ともに、リクルートスタッフィングWebメディア
「itstaffing エンジニアスタイル」に掲載

■監修者紹介

DQNEO（どきゅねお）

大学でフランス文学を専攻。通信業界や自動車業界でマーケティングや事業計画の仕事をしたのち、プログラマに転身。
現在は株式会社メルカリで、サーバサイドの開発をしている。
ふとしたことからGitの内部構造を学びはじめて、Gitの素晴らしさに目覚める。
Goコンパイラを自作してアメリカで発表したことがある。

◆Twitter ID
@DQNEO

◆GitHub ID
@DQNEO

編集担当 ： 吉成明久　カバーデザイン：秋田勘助（オフィス・エドモント）

●特典がいっぱいのWeb読者アンケートのお知らせ

C&R研究所ではWeb読者アンケートを実施しています。アンケートにお答えいただいた方の中から、抽選でステキなプレゼントが当たります。詳しくは次のURLのトップページ左下のWeb読者アンケート専用バナーをクリックし、アンケートページをご覧ください。

C&R研究所のホームページ　https://www.c-r.com/

携帯電話からのご応募は、右のQRコードをご利用ください。

改訂2版　わかばちゃんと学ぶ　Git使い方入門

2021年6月18日　第1刷発行
2024年6月 3日　第5刷発行

著　者　湊川あい
監修者　DQNEO

発行者　池田武人
発行所　株式会社　シーアンドアール研究所
新潟県新潟市北区西名目所4083-6(〒950-3122)
電話　025-259-4293　FAX　025-258-2801
印刷所　株式会社　ルナテック
ISBN978-4-86354-343-0 C3055